# LA
# FUMÉE DU TABAC

## RECHERCHES
## CHIMIQUES ET PHYSIOLOGIQUES

### PAR

## LE Dr GUSTAVE LE BON

PRÉSIDENT DE LA SOCIÉTÉ DE MÉDECINE PRATIQUE DE PARIS
CHEVALIER DE LA LÉGION D'HONNEUR, ETC.

### 2me ÉDITION

AUGMENTÉE DE RECHERCHES NOUVELLES SUR LE DOSAGE
DE L'ACIDE PRUSSIQUE ET DE L'OXYDE DE CARBONE
DANS LA FUMÉE DU TABAC ET SUR LA DÉTERMINATION DES PRINCIPES
QUI LUI DONNENT SON PARFUM

## PARIS
### ASSELIN, LIBRAIRE DE LA FACULTÉ DE MÉDECINE
Place de l'École de Médecine

### 1880

LA

# FUMÉE DU TABAC

—

## RECHERCHES

### CHIMIQUES & PHYSIOLOGIQUES

# PRINCIPALES PUBLICATIONS

DU

## DOCTEUR GUSTAVE LE BON

Président de la Société de Médecine pratique de Paris,
membre de la Société Impériale de médecine de Constantinople,
de l'Académie des sciences et inscriptions de Toulouse,
de la Société Royale des sciences médicales et naturelles de Bruxelles
des Sociétés Médicales de Liége, Montpellier, etc.
Chevalier de la Légion d'honneur et de l'Ordre Royal de Charles III d'Espagne, etc.

**Recherches chimiques sur la fève de Calabar, l'Hémoglobine, la fumée du tabac, la Xanthine, etc.** — (Comptes rendus de l'Académie des Sciences).

**La Fumée du tabac.** — Recherches chimiques et physiologiques, 1872.

**La Brenne.** — Études sur le dessèchement et la mise en culture des terres marécageuses.

**Le Choléra.** — Recherches sur le mode de contagion, la nature et le traitement de cette affection. — In-8 (Asselin, 1866).

**La Mort apparente.** — In-18 (traduit en danois), 1868.

**Nouvelle Machine pneumatique à mercure.** — (Moniteur scientifique, 1867).

**L'Histologie et l'Anatomie** enseignés par les projections lumineuses. Description des nouveaux appareils de projection qui ont servi à illustrer les leçons d'anatomie et d'histologie du docteur Gustave Le Bon, et de ses procédés de photographie des objets microscopiques. In-18. (1872. Gauthier-Villars).

**Physiologie de la génération de l'homme et des principaux vertébrés.** — Un volume in-18 illustré, 3e édition, 1870.

**Hygiène pratique du soldat et des blessés.** — In-18 illustré (1870, Rothschild).

**Recherches expérimentales sur l'asphyxie.** — (Comptes rendus de l'Académie des Sciences, 1872).

**Recherches anatomiques** sur l'inégalité de développement des régions homologues du crâne. (Comptes rendus de l'Académie des Sciences, 1878).

**Le Compas des coordonnées.** — Nouveau céphalomètre permettant d'obtenir très-rapidement les divers diamètres, angles et profils de la tête, et de reproduire en relief un corps solide quelconque. (Bulletin de la Société d'anthropologie, 1878.

**La Méthode graphique et ses applications aux sciences physiques, mathématiques et biologiques.** — Contenant la description des nouveaux appareils enregistreurs des docteurs Georges Noël et Gustave Le Bon, avec 63 figures, dessinées en partie au laboratoire de l'auteur. In-8 1879, librairie Lacroix.

**La Vie.** — Traité de physiologie humaine. — Un volume in-8 de 900 pages, illustré de 300 gravures, 5e tirage (1875, Rothschild).

**Études sur le Caractère.** — (Revue de philosophie, 1877).

**Recherches anatomiques et mathématiques** sur les lois des variations de volume et de forme du crâne. In-8 avec 10 planches et 13 tableaux. (Mémoire récompensé par l'Institut et auquel la Société d'anthropologie a décerné le prix Godart au concours de 1879).

**Études des crânes de 42 hommes célèbres que possède le Muséum de Paris.** — Bulletin de la Société d'anthropologie, 1879).

**Chronoscope des Dʳˢ G. Noël et Gustave Le Bon, pour diagnostiquer certaines affections du système nerveux et en suivre avec précision la marche.** — (Bulletins de la Société de Médecine pratique, 1880).

**Les variations fonctionnelles du système nerveux. Recherches physiques et mathématiques**, par les Dʳˢ Gustave Le Bon et G. Noël, avec nombreuses gravures (sous presse).

**L'homme et les sociétés.** — Leurs origines et leur histoire. — Tome Iᵉʳ. Développement physique et intellectuel de l'homme. In-8 de 500 pages. — Tome II. Développement des sociétés. In-8 de 450 pages (Rothschild, 1880).

**Excursion anthropologique aux monts Tatras**, avec de nombreux dessins exécutés d'après les photographies de l'auteur (en préparation),

LA

# FUMÉE DU TABAC

RECHERCHES

## CHIMIQUES ET PHYSIOLOGIQUES

PAR

## LE Dr GUSTAVE LE BON

PRÉSIDENT DE LA SOCIÉTÉ DE MÉDECINE PRATIQUE DE PARIS
CHEVALIER DE LA LÉGION D'HONNEUR, ETC.

### 2me ÉDITION

AUGMENTÉE DE RECHERCHES NOUVELLES SUR LE DOSAGE
DE L'ACIDE PRUSSIQUE ET DE L'OXYDE DE CARBONE
DANS LA FUMÉE DU TABAC ET SUR LA DÉTERMINATION DES PRINCIPES
QUI LUI DONNENT SON PARFUM

PARIS
ASSELIN, LIBRAIRE DE LA FACULTÉ DE MÉDECINE
Place de l'Ecole de Médecine

1880

# BUT DE CE TRAVAIL

Les expériences physiologiques tentées jusqu'ici sur le tabac ont été faites exclusivement avec l'alcaloïde, la nicotine, qu'on retire des feuilles de cette plante. En opérant ainsi, les expérimentateurs s'exposaient à des critiques très-fondées, car rien ne démontrait qu'il y eût la moindre analogie entre de la fumée du tabac et de la nicotine La première, en effet, est un mélange fort complexe dans lequel les principes divers que les feuilles contiennent peuvent avoir été modifiés profondément par la combustion.

La fumée du tabac contient-elle réellement de la nicotine et ne contiendrait-elle pas d'autres principes toxiques ? Ces divers principes sont-ils absorbables dans les conditions où se trouvent les fumeurs et dans quelles proportions peuvent-ils être absorbés ?

C'est dans le but de résoudre ces diverses questions que j'avais entrepris il y a 8 ans, les recherches dont la première édition (1) de ce mémoire contenait l'exposé. Sur la demande que m'en a faite la *Société Française contre l'abus du tabac*, par l'organe de son Secrétaire-général, M. le Dr Goyard, je les ai complétées récemment en abordant des points que j'avais entièrement laissés de côté autrefois.

Cette seconde édition diffère entièrement de la première avec laquelle elle n'a de commun que le seul chapitre con-

(1) Cette 1re édition, couronnée à la suite d'un concours ouvert par la Société médico-chirurgicale de Liége, a été publiée dans les *Annales* de cette Société. Ses conclusions ont été reproduites dans la plupart des journaux de médecine et dans divers ouvrages de chimie classique, le grand Traité de M. le professeur Girardin, notamment.

sacré au dosage de la nicotine. Parmi les recherches nouvelles qu'elle contient, je mentionnerai la recherche de l'acide prussique et de l'oxyde de carbone dans la fumée du tabac, la détermination des principes qui donnent à la fumée son arome spécial et de nombreuses expériences de physiologie exécutées sur les animaux et sur l'homme.

Je crois inutile de faire remarquer que ce mémoire est un travail de science pure et que je laisse aux personnes que cela intéresse, le soin de tirer de mon travail les conclusions qui leur plairont. Le terrain des faits sur lequel je me suis maintenu est trop solide pour que je consente à m'en écarter.

Je ne terminerai pas cette courte introduction sans remercier sincèrement les savants qui m'ont facilité les longues et difficiles recherches auxquelles je me suis livré. Je mentionnerai parmi eux M. Rolland, de l'Institut, Directeur-général de l'administration du tabac, qui m'a autorisé à prendre à la manufacture de Paris, tous les renseignements qui pouvaient m'être utiles, M. Schlœsing, Directeur de l'école des tabacs, qui m'a fourni divers renseignements chimiques et remis de notables quantités de nicotine pure, M. le Dr Gréhant, sous-Directeur du laboratoire de physiologie au Muséum, qui m'a prêté pendant plusieurs jours, pour des analyses chimiques très-délicates, le concours le plus gracieux, et enfin mon savant ami le Dr Georges Noël, ancien préparateur au Collége de France, de notre regretté maître Claude Bernard. C'est avec son concours qu'ont été faites les recherches relatives à l'acide prussique et à la détermination des principes qui donnent à la fumée du tabac son parfum.

LA

# FUMÉE DU TABAC

## RECHERCHES

### CHIMIQUES & PHYSIOLOGIQUES

## CHAPITRE I<sup>er</sup>

### RECHERCHE DES PROPORTIONS DE NICOTINE ET D'AMMONIAQUE QUE PEUVENT ABSORBER LES FUMEURS

§ 1. *Conditions dans lesquelles peut s'effectuer l'absorption de la nicotine et des divers principes de la fumée du tabac.* — La question que nous nous proposons de résoudre dans ce chapitre est la suivante : A quelle dose la nicotine que la fumée du tabac contient peut-elle être absorbée dans les diverses circonstances où se trouvent placés les fumeurs? Avant de l'aborder nous devons énumérer d'abord ces conditions. Elles peuvent, croyons-nous, être résumées de la façon suivante :

Le tabac est fumé sous forme de cigare, de cigarette, de pipe à court tuyau, de pipe à long tuyau ou de narghilé et le fumeur placé en plein air ou dans une chambre fermée avale ou n'avale pas — suivant l'expression usuelle — sa fumée. A ces divers cas peut s'ajouter encore celui d'une personne qui, ne fumant pas, se trouve dans une pièce où séjournent un ou plusieurs fumeurs, telle qu'un café ou un wagon de chemin de fer, par exemple (*).

Examinons actuellement, théoriquement d'abord, ce qui doit se produire dans les différents cas que nous venons d'énumérer. Nous confirmerons ensuite, par l'expérience, l'exactitude de nos hypothèses.

Envisageons d'abord le cas du tabac fumé sous forme de cigare ou de cigarette et voyons ce qui a lieu. Nous admettrons d'abord que le fumeur n'avale pas sa fumée et se trouve en plein air, de façon, par conséquent, à ne pas respirer une atmosphère chargée de la fumée qu'il produit.

Pendant la combustion des premières parties du cigare ou de la cigarette, les divers composés que contient le tabac (eau, nicotine, sels ammoniacaux, etc.), portés par le voisinage de la partie incandescente à une température élevée, se réduisent en vapeur. Une portion de cette vapeur se condense dans les couches supérieures froides du tabac, où elle est attirée par l'aspiration du fumeur; l'autre arrive dans la bouche et au contact de la surface humide et relativement froide de la muqueuse buccale, se condense en partie et se mélange à la salive pour être ensuite absorbée. Ce qui a échappé à la condensation est rejeté dans l'atmosphère.

La combustion du cigare ou de la cigarette continuant, la couche de tabac que la fumée doit traverser pour arriver à la bouche étant de moins en moins épaisse, la condensation y devient de plus en plus imparfaite et la fumée arrive à la bouche de plus en plus chargée de principes actifs. Quand enfin le cigare ou la cigarette est presque achevée, la fumée qui arrive dans la bouche du fumeur, non-seulement n'a pas été dépouillée par la condensation d'une partie de ses principes, mais en outre elle contient les matières précédem-

(*) Les priseurs et les chiqueurs ne sont pas compris dans ces diverses catégories. Leur étude sortait du cadre de notre travail qui ne concerne que la Fumée du tabac.

ment condensées dans les couches supérieures du tabac et qui, portées par la combustion à une température élevée, se trouvent volatilisées de nouveau. C'est là précisément ce qui explique ce fait, bien connu des fumeurs, que la dernière partie du cigare a un goût bien plus prononcé que la première. Les personnes peu habituées à fumer arrivent même dificilement à achever complétement un cigare sans éprouver des nausées, et on les voit rejeter fréquemment leur salive (chargée de principes actifs), ce que ne fait jamais le fumeur habituel.

Nous voyons, par l'explication précédente, que lorsqu'on fume le cigare ou la cigarette, une grande partie des principes actifs de la fumée passe dans la bouche, surtout si on brûle entièrement le cigare ou la cigarette, ce qui arrive, par exemple, quand on fait usage d'un porte-cigare. La proportion de nicotine et d'autres principes actifs absorbés doit donc être très-élevée, et nous verrons, par nos expériences, qu'il en est réellement ainsi.

Nous avons admis, dans le cas précédent, que le fumeur se trouvait en plein air et n'inspirait pas sa fumée, il ne peut donc absorber alors que les matières qui se condensent sur la surface relativement restreinte de la bouche.

Supposons maintenant que le même sujet, au lieu de se trouver en plein air, fume dans un appartement fermé. A la place de l'air pur qu'il respirait précédemment, il respire alors un air plus ou moins chargé de fumée et, par suite, des principes actifs qu'elle contient. Cet air chargé de fumée passe et repasse successivement dans les poumons et chaque fois s'y dépouille d'une partie des principes condensables qui s'y trouvent mélangés. Le fumeur absorbera donc alors non-seulement les principes qui se condensent dans sa bouche pendant qu'il aspire la fumée de son cigare, mais encore ceux qu'aura conservés la fumée qu'il rejette dans l'atmosphère. L'absorption sera alors d'autant plus considérable qu'un plus grand nombre de fumeurs se trouveront réunis dans le même lieu.

Si le même fumeur de cigare ou de cigarette se trouve placé dans les conditions précédemment indiquées, mais que de plus, suivant une habitude commune dans certains pays, il avale, comme on le dit vulgairement, la fumée de son cigare ou de sa cigarette avant de la rejeter par le nez ou par la bouche, l'absorption sera bien plus considérable encore que dans les cas que nous avons examinés. La fumée, qui n'a pas eu, comme dans l'hypothèse précédente, le temps de se refroidir dans l'atmosphère, arrive aux poumons, en n'ayant perdu de ses principes actifs que ce qui a pu se condenser dans la bouche, et, au contact de la vaste surface de la muqueuse pulmonaire, elle se dépouille d'une grande proportion des matières qu'elle contient (vapeur d'eau, nicotine, ammoniaque, oxyde de carbone, résine, etc.), or tous les physiologistes savent avec quelle rapidité se produit l'absorption à la surface de la muqueuse pulmonaire.

Le raisonnement que nous avons appliqué aux trois cas précédents : *Fumer en plein air, fumer dans un appartement fermé, fumer en inspirant sa fumée,* peut s'appliquer aux fumeurs de pipe aussi bien qu'aux fumeurs de cigare ou de cigarette. Cependant la dose des principes absorbés par les fumeurs de pipe est très-différente de celle qu'absorbe les fumeurs de cigare ou de cigarette, car la fumée, avant d'arriver à la bouche, traverse un tube froid où elle se condense en partie. Le produit de cette condensation constitue cette substance demi-liquide qui se concentre dans les tuyaux des pipes et à laquelle les fumeurs donnent le nom de jus.

Il est facile de prévoir que plus le tuyau de la pipe sera long, plus la condensation des principes actifs de la fumée y sera complète et plus celle-ci arrivera dépouillée à la bouche et aux poumons. Les pipes à long tuyau constituent, ainsi que nous le verrons plus loin, un des appareils avec lesquels le danger de fumer est moindre.

Quelque supériorité que possède cependant la pipe à long tuyau sur la pipe à court tuyau, et surtout sur le cigare et sur la cigarette, elle est très-inférieure encore au narghilé des Orientaux. Dans cet appareil, en effet, la fumée n'arrive à la bouche qu'après avoir traversé un récipient plein d'eau et un tube fort long. Elle parvient alors au contact de la surface buccale, non pas complétement dépouillée de ses principes, car nous avons vu dans nos expériences que trois flacons laveurs ne suffisaient pas à la dépouiller entièrement, mais du moins infiniment moins chargée de matières actives qu'avec la pipe ordinaire. On s'explique facilement qu'avec des appareils semblables les Orientaux puissent fumer longtemps sans être incommodés.

Nous avons envisagé successivement les différentes circonstances dans lesquelles peut se trouver un fumeur. Il nous reste à examiner actuellement le cas, relativement très-fréquent, où une personne qui ne fume pas se trouve dans une pièce (wagon de chemin de fer, café, fumoir, etc.) où l'atmosphère contient de la fumée de tabac.

Ce serait bien à tort que les personnes placées dans ces conditions croiraient pouvoir échapper aux effets du tabac. L'homme, comme on le sait, respire dix-huit fois environ par minute, et, à chaque inspiration nouvelle, un demi litre d'air environ arrive à ses poumons. C'est donc neuf litres d'air à peu près par minute, qui traversent ces organes. Cet air apportant aux poumons les éléments qu'il contient, l'individu qui se trouve auprès d'un fumeur fait passer et repasser successivement dans sa bouche une masse d'air renfermant de la fumée qui se condense en partie sur la vaste surface offerte par la muqueuse de la bouche, de la trachée et des poumons. Sans doute il absorbe moins de principes que le fumeur lui-même, car ce dernier, outre l'air chargé de fumée, qu'il respire, fait passer dans sa bouche de la fumée presque sans mélange ; mais cependant il en absorbe encore une proportion notable, ainsi que nous le verrons dans nos expériences. Si j'avais à me prononcer sur la question de savoir si fumer en plein air sans inspirer sa fumée est moins dangeureux que de séjourner longtemps sans fumer dans une atmosphère chargée de fumée de tabac, je n'hésiterais pas à le faire pour l'affirmative.

Dans les différents cas que nous avons énumérés, nous n'avons pas tenu compté de l'espèce du tabac employé. Il est évident que la quantité de nicotine et des autres principes absorbés sera d'autant plus forte que le tabac contiendra lui-même une quantité plus considérable de ces principes. La composition des cigares varie sensiblement suivant leur provenance, mais le tabac ordinaire vendu en France par l'administration est un mélange d'une composition assez constante, et, comme son usage est beaucoup plus général que celui des cigares, c'est lui que nous avons employé pour toutes nos expériences relatives au dosage de la nicotine.

§ II. *Appareil employé pour rechercher la proportion de nicotine absorbée par les fumeurs.* — Nous venons d'exposer la théorie de la condensation des principes actifs de la fumée de tabac dans les organes du fumeur, nous allons aborder maintenant le côté expérimental de la question.

Le moyen le plus parfait peut-être d'analyser les principes actifs de la fumée du tabac absorbés consisterait à faire passer à travers les organes respiratoires d'un animal, de la fumée de composition connue, puis à la recueillir à sa sortie, afin de constater ce qu'elle aurait perdu. Mais ce moyen auquel j'avais songé d'abord, présente des difficultés d'exécution insurmontables, et j'ai dû en rechercher un autre.

Pour arriver au but que je me proposais, j'ai essayé d'imiter le mécanisme de la condensation des principes actifs de la fumée dans les organes du fumeur.

Quand la fumée arrive dans la bouche, elle rencontre une muqueuse humide relativement froide, au contact de laquelle elle se condense en partie, et les principes condensés, mélangés à la salive, sont ensuite absorbés, soit par la muqueuse buccale, soit par celle du tube digestif, quand la salive est avalée. Il est évident que si la salive est rejetée au dehors, une partie seulement des principes actifs qu'elle a dissous sera absorbée, mais chacun sait que les fumeurs *habituels* crachent fort peu.

Dans les poumons, les choses se passent d'une façon analogue, et il est inutile de nous étendre sur ce point, la propriété absorbante de la muqueuse pulmonaire étant bien connue.

Supposons actuellement qu'au lieu de faire passer l'air chargé de fumée dans la bouche, nous le fassions passer sur une surface exactement égale à celle de la muqueuse buccale, humide comme elle, et, comme elle aussi, à une température d'environ 37° centigrades ; il est évident que les liquides qui se condenseront au contact de cette surface représenteront exactement les liquides qui se seraient condensés au contact de la muqueuse buccale elle-même pendant l'aspiration de la fumée du tabac.

Si maintenant nous voulons rechercher la proportion des principes actifs condensés dans le poumon, nous n'aurons de même qu'à faire passer de l'air chargé de fumée de tabac au contact d'une surface — égale cette fois à la dimension de la muqueuse pulmonaire et à recueillir les liquides qui se condenseront.

C'est d'après ces bases que nous avons construit, pour recueillir les principes actifs qui se condensent dans les organes des fumeurs, les appareils suivants :

*1. Appareil destiné à recueillir les principes actifs de la fumée du tabac qui se condensent dans la bouche d'un fumeur de cigare ou de cigarette qui n'avale pas sa fumée.*

*A* est un vase destiné à remplacer la bouche. En raison de ses replis nombreux (muqueuse des joues, des gencives, de la langue, de la voûte palatine, du gosier, etc.), la muqueuse de la bouche possède une surface étendue. Par des mesures directes répétées sur plusieurs cadavres, je l'évalue à environ 300 centimètres carrés. L'intérieur du vase *A*, choisi de grandeur convenable, est donc tapissé par une feuille de papier à filtrer maintenue humide, de 300 centimètres carrés environ de surface, destinée à représenter la muqueuse

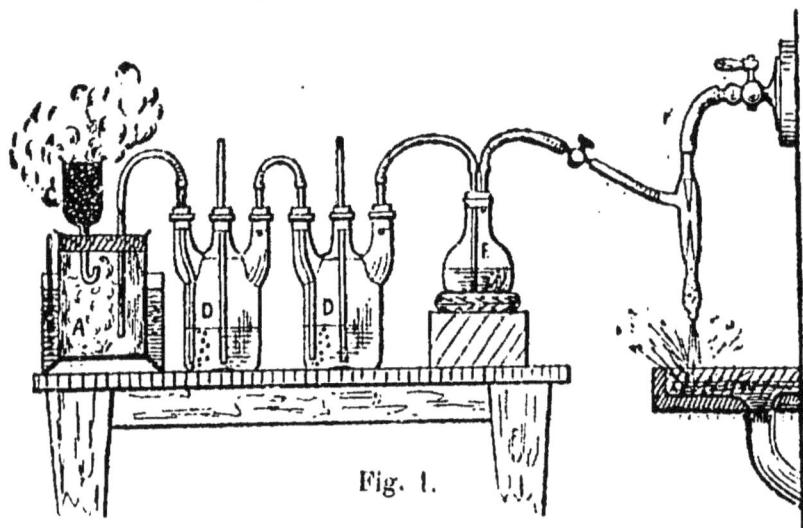

Fig. 1.

buccale elle-même. Le vase *A* est plongé dans un récipient maintenu à 37°, température habituelle de la bouche.

*C* est un entonnoir métallique dans lequel on brûle le tabac ; il représente le cigare ou la cigarette. On l'a recourbé à sa partie inférieure pour empêcher les cendres de tomber dans le vase *A*. Le tabac, comme dans le cigare ou la cigarette, y brûle en presque totalité, et les produits de la combustion passent entièrement dans la bouche, que remplace la surface intérieure du vase *A*.

*D D* sont des flacons laveurs pleins d'eau qui nous ont servi à laver la fumée pour étudier les produits qui échappaient à la condensation dans la bouche.

*E* est un ballon contenant de l'acide sulfurique destiné à retenir la nicotine et l'ammoniaque qui n'auraient pas été retenues par les autres flacons.

*F* est une trompe aspiratrice destinée à remplacer la respiration, c'est-à-dire à attirer dans le vase *A*, qui représente la bouche, les produits de la combustion du tabac. Lorsque la combustion est réglée, l'appareil peut fonctionner tant qu'il contient du tabac, sans nécessiter aucune surveillance.

2. *Appareil destiné à recueillir les principes actifs de la fumée qui se condensent dans la bouche du fumeur de pipe.*

Cet appareil est analogue au précédent, mais la disposition de l'entonnoir est un peu différente. Avant d'arriver dans le vase *A*, la fumée traverse un tube de longueur variable, représentant le tuyau de la pipe. A l'extrémité inférieure de ce tuyau, se trouve placée une capsule destinée à recueillir la partie liquide qui se condense dans le tube et représente ce qu'on appelle vulgairement le *jus*.

Nous avons fait usage dans nos expériences, de tubes de 10 centimètres et de 50 centimètres de longueur, destinés à représenter les pipes courtes et les pipes longues.

3. *Appareil destiné à recueillir les principes actifs qui se condensent dans la bouche et les poumons des fumeurs qui respirent leur fumée.*

Cet appareil est semblable au système n° 1, seulement le vase est plus grand, de façon que sa surface intérieure puisse représenter non-seulement la surface de la muqueuse buccale, mais encore celle de la muqueuse pulmonaire ; comme dans l'appareil n° 1, cette surface est tapissée d'une feuille de papier humide, destinée à représenter la muqueuse des poumons et de la bouche.

Calculer approximativement la surface de la muqueuse buccale est chose assez facile, mais il est presque impossible de déterminer celle de la muqueuse pulmonaire. Tout ce que nous avons pu faire, c'est de l'apprécier d'après la capacité du poumon. A l'état normal, cet organe reçoit par inspiration un demi litre d'air qui vient s'ajouter à la réserve d'environ deux litres qu'il contient habituellement. Dans l'impossibilité de calculer l'étendue de la surface de la muqueuse pulmonaire, je l'ai supposée égale à celle d'un vase cylindrique de trois litres de capacité, et j'ai ajouté à cette surface celle calculée plus haut pour la muqueuse buccale ; ce chiffre est évidemment très-inférieur à celui que représenterait la surface de la muqueuse pulmonaire, car les replis de cette dernière sont extrêmement nombreux ; mais en opérant comme je l'ai fait, je suis au moins certain d'avoir évité toute exagération, et les résultats que j'ai obtenus n'en seront que plus probants. La valeur relative des résultats demeure du reste entière, car toutes mes expériences ont été faites avec les mêmes appareils.

*4. Appareil destiné à recevoir les principes actifs de la fumée qui se condensent dans la bouche et les poumons d'une personne qui, sans fumer, se trouve dans une atmosphère chargée de fumée.*

L'appareil se compose simplement d'un vase de la dimension de celui employé dans le système précédent et tapissé comme lui d'une feuille humide représentant les muqueuses buccale et pulmonaire. Ce vase, ouvert à sa partie supérieure, est placé dans une pièce où se trouvent plusieurs fumeurs et mis en communication avec un aspirateur qui fait passer dans l'appareil l'air chargé de fumée. Cette dernière s'y condense en partie.

§ III. *Produits de la fumée du tabac qui se condensent dans les appareils représentant la bouche et les poumons du fumeur.* — Les produits de la condensation de la fumée du tabac dans le vase revêtu de papier humide, représentant la surface des muqueuses buccale et pulmonaire, se compose de deux liquides d'apparence fort différente, l'un jaunâtre, d'odeur ammoniacale, presque aussi fluide que de l'eau ; l'autre épais, visqueux, d'odeur bien plus désagréable encore que le premier, à la surface duquel il vient surnager. Ce dernier représente exactement comme couleur, odeur et propriétés, le liquide noirâtre qui se condense dans les pipes ayant long-temps servi et qu'on désigne vulgairement sous le nom de jus.

La quantité totale de liquide produite par la condensation de la fumée à la surface du vase représentant la bouche et le poumon a varié dans nos expériences de 20 à 25 grammes pour 100 grammes de tabac brûlé. La quantité du liquide visqueux signalé plus haut ne dépassait guère 1 gramme.

Le liquide fluide qui se trouvait en grande quantité au fond du vase de condensation se composait d'*eau* tenant en dissolution ou en suspension des matières fort diverses parmi lesquelles je ne mentionnerai maintenant que la *nicotine*, le *carbonate d'ammoniaque*, et diverses *matières colorantes*.

Le liquide épais et visqueux se composait surtout de *nicotine, d'ammoniaque, d'une substance colorante rouge*, de *résines*, de sels divers et de diverses matières organiques, notamment celles donnant au tabac son odeur spéciale. Il est peu soluble dans l'eau, mais très-soluble dans l'alcool, auquel il communique une belle couleur rouge. Quand on le chauffe, il répand des vapeurs possédant l'odeur de la fumée de tabac et finit par brûler avec une belle flamme blanche en laissant un très-faible résidu à réaction alcaline.

§ IV. *Dosage de la nicotine et de l'ammoniaque qui se condensent dans les organes respiratoires des fumeurs.* — La présence de la nicotine dans la fumée du tabac est facile à constater par les réactifs ordinaires de cette substance, et je m'étonne que son existence ait jamais pu être contestée. Si la fumée du tabac ne contient pas de la nicotine, elle contient en tout cas une substance qui y ressemble tellement par ses propriétés chimiques, physiques et physiologiques qu'on ne saurait l'en distinguer. La démonstration de sa présence avait été faite il y a longtemps du reste par Melsens.

Nous nous sommes livré à de nombreuses recherches pour arriver à doser exactement la nicotine dans les produits de la condensation de la fumée. Après avoir essayé successivement le procédé Schlœsing (épuisement par l'éther), l'extraction directe de la nicotine, et enfin le dosage par la méthode volumétrique, nous avons reconnu que ce dernier procédé fournissait rapidement des résultats suffisamment exacts.

Nous avons opéré de la façon suivante :

Le liquide condensé dans le vase représentant la bouche ou le poumon, et les eaux de lavage du papier représentant la muqueuse, étaient évaporés de façon à chasser tout l'ammoniaque qu'ils pouvaient renfermer. J'obtenais comme résidu un liquide noir épais, ne contenant plus de trace sensible de sels ammoniacaux (*).

Ce liquide, mélangé à une petite quantité d'eau distillée, était ensuite dosé avec de l'acide sulfurique titré. La teinte noire du mélange n'empêche nullement de saisir la coloration rouge du papier de tournesol qui marque la fin de la réaction, car à mesure que la nicotine se sature, la matière colorante à laquelle elle est mélangée, se sépare, et il est facile de prendre avec une baguette de verre, une goutte de

(*) La difficulté de chasser entièrement tout l'ammoniaque est la partie faible de ce procédé. Il reste probablement toujours quelques traces de cette substance, par conséquent les chiffres de nicotine obtenus par le titrage peuvent être un peu trop élevés. Au point de vue physiologique, la chose est du reste sans importance. M. Schlœsing m'a montré un nouveau procédé de dosage de la nicotine qu'il emploie actuellement à la manufacture des tabacs de Paris. Il est fort ingénieux, mais un peu compliqué dans ses détails.

liquide à peine colorée, pour la poser sur le papier de tournesol. Avec un peu d'habitude, on arrive facilement à un
dosage très-exact.

Un centimètre cube d'acide sulfurique normal (49 gr. d'a-
cide par litre) contient 0 gr. 049$^{mm}$ d'acide sulfurique et cor-
respond à 0 gr. 162$^{mm}$ de nicotine ; mais le liquide ainsi employé serait trop concentré, il est donc nécessaire de l'étendre. La liqueur dont nous avons fait usage contenait 9 gr. 8
d'acide par litre. Un centimètre cube correspondait alors à
32 milligr. 4 de nicotine et, comme avec des burettes étroites,
on apprécie très-facilement un dixième de centimètre cube,
c'est-à-dire une quantité de liquide correspondant à 3 milligrammes environ de nicotine, j'arrivais facilement à un
résultat suffisamment précis.

L'ammoniaque existant dans le liquide condensé dans le
vase représentant la bouche et les poumons était également
dosé par la méthode volumétrique et au moyen de la liqueur
indiquée plus haut. Le liquide formé par la condensation de
la fumée était divisé en deux parties parfaitement égales :
l'une qui servait au dosage de la nicotine, l'autre à celui de
l'ammoniaque. Celle destinée au dosage de l'ammoniaque
était immédiatement traitée par la liqueur titrée, et on notait
le nombre de centimètres cubes nécessaires pour la saturation. En retranchant de ce chiffre la quantité de centimètres
cubes employés pour saturer la nicotine dans la seconde
portion de liquide préalablement évaporé comme nous
l'avons dit précédemment, on connaissait exactement la
quantité d'acide sulfurique saturé par l'ammoniaque, et il
était facile d'en déduire la proportion de cette substance.

Le tabac employé était, comme nous l'avons dit, le tabac
ordinaire (*scaferlati*) que l'administration vend en paquets.
La richesse moyenne de ce tabac en nicotine est peu variable; nous ferons remarquer seulement pour l'instruction
des chimistes qui voudraient répéter nos expériences, que

celui vendu en paquets fermés, dont le prix est déterminé d'avance par l'administration, est beaucoup plus sec et par conséquent, à poids égal, plus riche en nicotine que celui vendu en détail, parce que les débitants mettent toujours ce dernier dans un endroit très-humide pour en augmenter le poids.

Voici maintenant les résultats de nos analyses :

1. *Nicotine et ammoniaque absorbées par la bouche quand on fume le cigare ou la cigarette en plein air sans inspirer la fumée.*

Nous avons opéré sur cent grammes de tabac avec l'appareil n° 1. Le liquide condensé dans un vase représentant la bouche contenait :

*Nicotine*      0$^{gr}$550$^{mm}$

*Ammoniaque*   0$^{gr}$490$^{mm}$ (représentant en ammoniaque liquide des laboratoires 2$^{gr}$45 (*).

2. *Nicotine et ammoniaque absorbées quand on fume le cigare ou la cigarette dans un espace clos.*

Ajouter aux chiffres de l'opération précédente ceux obtenus dans l'opération n° 10.

3. *Nicotine et ammoniaque absorbées par la bouche et les poumons quand on fume le cigare ou la cigarette en inspirant la fumée.*

C'est dans cette opération que nous avons obtenu les chiffres les plus élevés. Ils sont cependant encore certainement au-dessous de la vérité ; car, ainsi que nous l'avons dit, la surface des poumons est réellement de beaucoup supérieure à celle que nous avons adoptée pour notre appareil.

(*) L'ammoniaque que nous avons ainsi dosée est l'ammoniaque pure, mais comme la solution d'ammoniaque du commerce à 22° ne contient que 1\5 de son poids d'ammoniaque, il est nécessaire de multiplier nos résultats par 5 pour qu'ils représentent l'ammoniaque telle qu'on la connaît dans les laboratoires et dans l'industrie.

L'appareil employé pour l'expérience était le n° 3 ; comme précédemment on opérait sur 100 grammes de tabac. Les chiffres obtenus ont été les suivants :

Nicotine . . 1$^{gr}$037$^{mm}$

Ammoniaque 0$^{gr}$945$^{mm}$ (représentant en ammoniaque liquide 4$^{gr}$725$^{mm}$).

4. *Nicotine absorbée par la bouche quand on fume la pipe à court tuyau en plein air.*

Nous avons opéré avec l'appareil n° 2 et obtenu pour 100 grammes de tabac brûlé les résultats suivants :

Ammoniaque . . . . . . . . . . . 0$^{gr}$205$^{mm}$

*Nicotine existant dans la capsule qui se trouvait sous le tuyau de la pipe pour recueillir la partie liquide qui s'en écoulait.* . . . . . . . . . 0$^{gr}$325$^{mm}$

*Nicotine condensée dans le vase représentant la bouche.* . . . . . . . . . . . . . . . 0$^{gr}$227$^{mm}$

Notre appareil était disposé de façon à ce que tout le liquide qui se condensait dans le tuyau, tombât dans la capsule placée au-dessous. C'est là une disposition analogue à celle des pipes allemandes. Dans les pipes ordinaires, la partie liquide qui se condense dans le tuyau retombe en partie dans le foyer et y est volatilisée de nouveau. Le plus ou moins de porosité du tuyau, le temps depuis lequel la pipe est employée, etc., font varier la quantité de liquide qui peut revenir dans le foyer. C'est pour éviter ces chances d'erreur que nous avons adopté la disposition qui précède.

5. *Nicotine et ammoniaque absorbées par la bouche et les poumons quand on fume la pipe à court tuyau dans une pièce fermée.*

Ajouter aux résultats de l'opération précédente ceux fournis par l'opération n° 10.

6. *Nicotine et ammoniaque absorbées par la bouche et les poumons quand on fume la pipe à court tuyau en inspirant la fumée.*

En opérant sur 100 gr. de tabac avec l'appareil n° 3 et un tube de 10 centimètres, nous avons obtenu les résultats suivants :

*Nicotine* 0 gr 701 mm.

*Ammoniaque* 0gr687mm (représentant en ammoniaque liquide 3gr 435).

7. *Nicotine et ammoniaque absorbées par la bouche et par les poumons quand on fume la pipe à long tuyau en plein air.*

En opérant sur 100 grammes de tabac avec l'appareil n° 2 et un tube de 50 centimètres de longueur, nous avons obtenu les résultats suivants :

*Nicotine* 0 gr 156mm.

*Ammoniaque* 0 gr 140mm.

8. *Nicotine et ammoniaque absorbées quand on fume la pipe à long tuyau dans un espace clos.*

Il suffit d'ajouter aux chiffres de l'opération précédente ceux fournis par l'opération n° 10.

9. *Nicotine et ammoniaque absorbées quand on fume le narghilé.*

L'analyse bien des fois répétée de l'eau de nos laveurs nous a prouvé que la fumée se dépouille en grande partie dans les premiers de la nicotine et de l'ammoniaque qu'elle contient. Ce dépouillement est en rapport avec plusieurs conditions, notamment la quantité d'eau que la fumée doit traverser, et la rapidité plus ou moins grande avec laquelle elle la traverse. Donner des chiffres serait donc inutile. Je ferai remarquer cependant qu'un et même deux laveurs ne suffisent pas à retirer toute la nicotine et moins encore, comme nous le verrons bientôt, les autres principes toxiques que la fumée du tabac contient. On peut donc dire du narghilé, je crois, que s'il constitue le moyen de fumer le moins dangereux de tous, il ne dépouille qu'en partie cependant la fumée de ses principes actifs.

**10.** *Quantité de principes actifs absorbés par la bouche et par les poumons, quand on respire dans un espace clos contenant de la fumée.*

L'appareil employé était le n° 4. il était placé dans une pièce où se trouvaient plusieurs fumeurs et y séjournait deux heures. Les résultats obtenus ont été fort variables, ce qui se comprend facilement, puisque au lieu d'opérer comme dans les expériences précédentes, avec des doses de tabac constantes, nous opérions sur une quantité de fumée qui n'avait rien de précis. En effet, suivant la dimension de la pièce, la plus ou moins grande rapidité de la ventilation, la quantité de tabac brûlée, etc., l'air se trouve mélangé à une proportion de fumée fort différente et par suite, la quantité de nicotine condensée dans l'appareil peut varier dans des limites très-étendues.

Cependant, après un séjour de plusieurs heures dans une atmosphère chargée de fumée, nous avons toujours réussi à retirer *plusieurs milligrammes* de nicotine du vase réprésentant les poumons et la bouche. Pour avoir des résultats applicables à des cas bien définis, il faudrait répéter ces expériences en plaçant l'appareil dans une salle de café, puis dans des pièces de capacité connue, recevant un volume d'air constant et où brûlerait une quantité de tabac préalablement déterminée. Nous avons dû nous contenter momentanément de la démonstration de l'absorption des principes actifs de la fumée du tabac par les poumons et la bouche des personnes qui, même sans fumer, se trouvent dans une atmosphère viciée par la fumée.

# CHAPITRE II

## RECHERCHE DES PROPORTIONS D'OXYDE DE CARBONE QUE PEUVENT ABSORBER LES FUMEURS ET ÉTUDE DE SON ACTION

M. le docteur Gréhant a signalé il y a quelques années la présence de l'oxyde de carbone dans les produits de la combustion du tabac. En répétant ses expériences, j'ai constaté comme lui que le tabac produisait en brûlant, une proportion d'oxyde de carbone variant entre 7 et 800 centimètres cubes par 10 grammes de tabac.

L'oxyde de carbone est, comme on le sait, un gaz extrêmement toxique. C'est lui, et non l'acide carbonique, ainsi qu'on l'a cru longtemps, qui détermine la mort dans l'asphyxie par la vapeur de charbon. Claude Bernard a démontré qu'il agissait en formant une combinaison avec l'hémoglobine, base essentielle des globules, et la rendant incapable d'absorber l'oxygène. Il s'unit avec les globules, de façon qu'un volume d'oxyde de carbone se substitue à un volume d'oxygène. Lorsqu'un animal séjourne une heure dans une atmosphère contenant seulement 1/1000 d'oxyde de carbone, 100 centimètres cubes de son sang contiennent, suivant les expériences de M. Gréhant, 10 centimètres cubes d'oxyde de carbone qui ont pris la place de 10 centimètres cubes d'oxygène. La même proportion de sang ne pouvant guère dissoudre que 20 centimètres cubes de ce dernier gaz, c'est absolument comme si on avait ôté au sujet la moitié de son sang. Dans une atmosphère au 1/1500, le quart seulement des globules perdent leur propriété d'absorber l'oxygène. Dans une atmosphère qui contient

1/100 d'oxyde de carbone, un chien meurt en 20 minutes.

Heureusement pour les sujets qui ont absorbé une quantité insuffisante d'oxyde de carbone pour produire la mort, la combinaison formée par ce gaz avec l'hémoglobine n'est pas stable. Ce gaz finit par s'éliminer sous la forme où il est entré dans l'organisme, comme l'a montré M. Gréhant, et non à l'état d'acide carbonique, ainsi qu'on le croyait autrefois. La combinaison formée par l'oxyde de carbone avec l'hémoglobine se dissocie dans les poumons où s'est effectuée l'absorption. Comme l'alcool, ce gaz traverse donc l'organisme sans se transformer, mais non sans agir, comme le prouvent les troubles nerveux que présentent les individus tels que les cuisinières exposées à le respirer fréquemment. Leur état d'anémie spécial, l'irratibilité de leur caractère ont été notés par plusieurs observateurs. L'influence redoutable de l'oxyde de carbone est également mise en évidence par ce fait que les personnes exposées à son action restent indisposées assez longtemps.

Le dosage de l'oxyde de carbone dans une atmosphère quelconque est très-facile au moyen du protochlorure de cuivre. Il suffit de faire passer l'atmosphère à analyser à travers des laveurs contenant une solution saturée de ce sel. L'absorption de l'oxyde de carbone par ce composé étant terminée, on réunit les liquides dans un ballon en communication par un tube avec une cloche graduée, et on les porte à l'ébullition ; le gaz qui se dégage sous la cloche est constitué en presque totalité par de l'oxyde de carbone.

Ce procédé, d'une exécution très-simple, n'est applicable qu'à une atmosphère contenant une proportion un peu notable d'oxyde de carbone. Lorsqu'elle n'en contient que des traces, il n'est pas suffisamment exact, parce qu'il arrive toujours que quelques parties d'oxyde de carbone échappent à l'absorption par le chlorure de cuivre, ce qui, dans les cas de faibles quantités à analyser, fausse les résultats de l'ex-

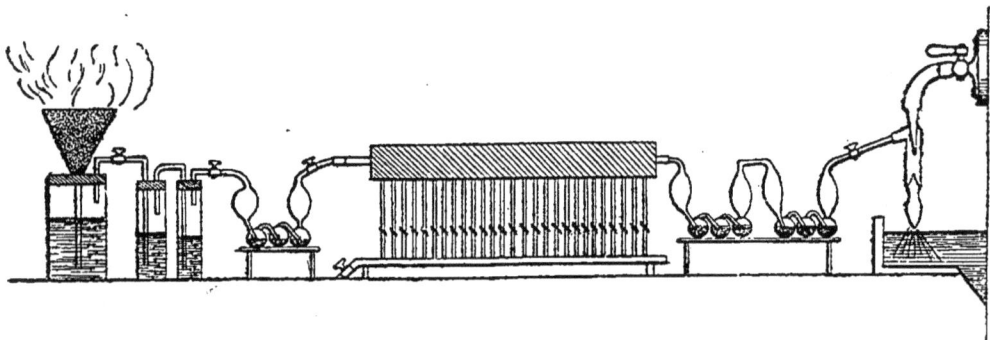

FIG. 2. — *Appareil employé par l'auteur pour le dosage de l'oxyde de carbone dans la fumée du tabac.*

Les trois premiers flacons, sur le côté gauche du dessin, contiennent une solution de potasse destinée à faire subir un premier lavage à la fumée brûlée dans l'entonnoir. Elle passe ensuite dans un laveur à boules renfermant de l'eau de baryte. Ainsi dépouillée entièrement de son acide carbonique, elle se rend dans un tube contenant de l'oxyde de cuivre chauffé par la grille à gaz, que l'on voit au milieu du dessin. L'oxyde de carbone que contenait la fumée en sort transformé en acide carbonique qui passe ensuite à l'état de carbonate de baryte, en traversant l'eau de baryte contenue dans les laveurs suivants. Le dernier d'entre eux est en relation avec la trompe que l'on voit sur la droite du dessin et qui détermine le passage de la fumée du tabac à travers tout le système. On est sûr que tout l'acide carbonique que la fumée du tabac pouvait contenir a bien été absorbé par les éprouvettes contenant de la potasse lorsque l'eau de baryte contenue dans le laveur à boule qui précède la grille à gaz reste limpide : les moindres traces d'acide carbonique troubleraient aussitôt, en effet, sa pureté.

périence. Il faut alors avoir recours à un procédé très-ingé-
nieux et très-exact, mais fort compliqué, imaginé par M. Gréhant, et qui consiste à faire passer l'air à analyser, d'abord
à travers des flacons contenant une solution de potasse qui
retient l'acide carbonique, puis à travers de l'eau de baryte
destinée à prouver par son absence de trouble que tout
l'acide carbonique a bien été absorbé et enfin dans un long
tube de verre rempli d'oxyde de cuivre qu'on maintient au
rouge au moyen d'une grille à gaz. L'oxyde de carbone,
transformé en acide carbonique, passe ensuite à travers de
l'eau de baryte, où il se transforme en carbonate de baryte
qu'on décompose·par l'acide chlorhydrique dans le vide, au
moyen d'une pompe à mercure. L'analyse de 50 litres d'air
exige au moins 24 heures.

Ayant constaté la supériorité de la méthode de M. Gréhant
pour les analyses de mélanges où l'oxyde de carbone se
trouve en petite quantité, j'ai dû, malgré sa difficulté, l'adop·
ter pour mes recherches. Ne pouvant l'employer dans mon
laboratoire où ne se trouvaient pas les appareils nécessaires,
je me suis transporté au laboratoire du Muséum, où j'ai
reçu de M. Gréhant le concours le plus gracieux. Je ne sau-
rais exprimer trop vivement mes remerciements à cet
éminent physiologiste.

A quelle dose l'oxyde de carbone peut-il, sans être mortel,
commencer à produire des accidents? Dans quelles proportions peut-il se rencontrer dans l'atmosphère des fumeurs?
Peut-on attribuer à son influence l'action toxique de la
fumée du tabac? telles sont les questions, non élucidées
encore, que je devais chercher à résoudre.

M. Gréhant avait autrefois tué des chiens en les obligeant
à respirer de l'air qui avait passé à travers une pipe contenant
quelques grammes de tabac en combustion, et avait reconnu
par l'analyse spectroscopique que le sang de l'animal
contenait de l'oxyde de carbone. Répétée de nouveau, cette

expérience me donna absolument les mêmes résultats. Avec une pipe contenant 4 grammes de tabac allumé, et en en faisant respirer à l'animal au moyen d'une muselière en communication avec la pipe par un tube en caoutchouc, nous le vîmes succomber en un quart d'heure. A l'autopsie, le cœur de l'animal contenait des caillots et le sang ne renfermait que des traces d'oxyde de carbone.

Pouvait-on, — même quand le sang aurait contenu de notables proportions d'oxyde de carbone, ainsi que cela s'était produit dans d'autres expériences — tirer de ce fait des résultats applicables aux fumeurs ? Je ne le pense pas. Non seulement, en effet, l'air introduit dans les poumons, contenait une proportion considérable d'oxyde de carbone qu'on obligeait artificiellement à passer tout entier par les poumons, mais en outre l'air fourni à l'animal était presque dépouillé par son passage à travers le tabac incandescent d'une grande partie de son oxygène. Cet air contenait en outre une forte proportion de nicotine et divers produits toxiques de la fumée du tabac. Aucun fumeur ne s'est évidemment jamais trouvé dans des conditions semblables. Pour prouver quelque chose, ces expériences devaient être répétées d'une façon entièrement différente.

Pour me soustraire à ces causes d'erreur, je résolus d'employer du tabac dépouillé de nicotine par des lavages de plusieurs heures dans de l'éther ammoniacal bouillant, puis de l'eau bouillante, et d'ajouter aux produits de la combustion du tabac une quantité d'oxygène suffisante pour remplacer celle détruite par la combustion.

Dix grammes du tabac ainsi dépouillé de nicotine furent brûlés dans une pipe. Le gaz qui se dégageait fut recueilli dans une cloche de 25 litres, puis introduit dans un ballon avec la quantité d'oxygène nécessaire pour reconstituer une atmosphère suffisamment riche en oxygène. Un chien du poids de 11 kilog. ayant été fixé sur un appareil contentif, nous lui fîmes respirer l'air du sac au moyen d'une muselière fixée à une soupape organisée de façon à ce que les produits de la respiration s'échappassent dans l'atmosphère au lieu de retourner dans le sac. Au bout de 14 minutes, l'animal était mort. L'examen spectroscopique du sang indiquait la présence de l'oxyde de carbone. Les principes toxiques autres que la nicotine existant dans le tabac ayant été très·vraisemblablement entraînés par les lavages destinés à le dépouiller de cet alcaloïde, et l'atmosphère où respirait le chien contenant assez d'oxygène pour entretenir la respiration, il était rationnel d'admettre que l'animal avait été tué uniquement par l'oxyde de carbone contenu dans la fumée du tabac. Ce résultat n'avait du reste rien d'imprévu, car la quantité du tabac brûlée avait produit une proportion d'oxyde de carbone plus que suffisante pour produire la mort, étant donné le volume d'air qui le contenait.

Mais cette expérience et celles du même genre ne prouvaient qu'une chose, c'est qu'en introduisant la proportion d'oxyde de carbone que produit une petite quantité de tabac dans une atmosphère confinée, on peut rapidement déterminer la mort d'un animal. Pas plus que la précédente, cette expérience n'était applicable aux fumeurs qui ne se trouvent jamais en effet dans une atmosphère assez confinée pour contenir des proportions d'oxyde de carbone aussi élevées que dans le cas précédent.

Pour apprécier l'influence que peut avoir sur l'homme l'oxyde de carbone que la fumée du tabac contient, il fallait rechercher d'abord la proportion d'oxyde de carbone que doit contenir une atmosphère pour être dangereuse sans être mortelle, et ensuite quelle proportion d'oxyde de carbone peut se trouver dans l'atmosphère des fumeurs.

Pour résoudre la première question, c'est-à-dire déterminer la proportion d'oxyde de carbone que doit contenir l'air pour devenir dangereux, les travaux des physiologistes sur ce point ne pouvaient fournir aucun renseignement. Ils nous disent seulement en effet dans quelle proportion l'oxyde de carbone doit exister dans l'atmosphère pour tuer un animal, tandis que nous voulions savoir dans quelle proportion il doit exister pour incommoder un homme.

Pour déterminer cette proportion, je fis allumer deux four-neaux dans une de ces étroites cuisines qu'on rencontre dans les petits logements de Paris, et où, malgré une cheminée de tirage, on ne peut guère séjourner sous peine d'asphyxie sans laisser la porte ouverte. Je m'y enfermai jusqu'à ce qu'un mal de tête violent et des nausées m'en rendissent le séjour impossible. A ce moment, et avant d'ouvrir la porte, je remplis, au moyen d'un soufflet, un ballon de caoutchouc de 25 litres. Porté au laboratoire et analysé, je constatai que cet air contenait une proportion d'oxyde de carbone représentant seulement 325 centimètres cubes, soit envi-ron 1/3000 dans l'atmosphère. Je mentionnerai pour mémoire que la quantité d'acide carbonique qui s'y trouvait était 12 fois plus forte (près de 4 litres par mètre cube), quantité absolument insuffisante du reste pour produire la moindre gêne, puisqu'on admet que l'air doit contenir 10 0/0 d'acide carbonique pour être irrespirable, et que ce gaz ne com-mence à incommoder que quand il s'y trouve dans la propor-tion de 1 0/0.

D'après les expériences mentionnées plus haut, il suffi-rait, pour produire la faible proportion d'oxyde de carbone trouvée dans cette expérience, de brûler 4 grammes de tabac par mètre cube d'air. Au premier abord, et en ne considérant que ce chiffre de 4 grammes de tabac, il semble qu'il suffirait d'une quantité bien minime de cette substance pour vicier par l'oxyde de carbone une quantité d'air bien grande, mais un calcul très-simple prouve, au contraire, qu'il n'en est rien.

Considérons en effet la dimension des chambres les plus

petites où plusieurs fumeurs puissent se trouver réunis. En prenant pour type une chambre d'étudiant dont la capacité est d'environ 30 mètres cubes, on voit que, pour que l'atmosphère contienne 1/3000 d'oxyde de carbone, soit dix litres pour 30 mètres cubes, il faudrait, — d'après le chiffre de 800 centimètres cubes d'oxyde de carbone par 10 grammes de tabac — fumer 125 grammes de cette substance. Si l'on considère qu'une pipe contient environ 2 g. 5 de tabac, que la partie fumable d'une cigarette pèse 0 g. 50, qu'un cigare de 10 centimes pèse environ 5 grammes, on voit qu'il faudrait fumer 50 pipes, ou 250 cigarettes ou 25 cigares pour produire ces dix litres d'oxyde de carbone. En fait, la quantité à fumer devrait être beaucoup plus considérable encore si l'on voulait tenir compte du renouvellement de l'air par les portes. Mais même en ne tenant compte que des chiffres que je viens de donner, une telle consommation serait évidemment impossible par le petit nombre d'individus que peut contenir une telle chambre. En admettant un instant qu'elle le fût, il est facile de constater par l'expérience, en brûlant simplement du tabac dans un entonnoir, que bien avant que les 125 grammes de tabac fussent brûlés, la chambre contiendrait un nuage tellement opaque et infect qu'on serait absolument obligé d'ouvrir largement portes et fenêtres pour renouveler l'atmosphère.

Mais il existe des circonstances où plusieurs individus peuvent se trouver dans un espace beaucoup plus restreint que celui que je viens de supposer. Ces circonstances se présentent toutes les fois que des fumeurs se trouvent réunis dans un compartiment de chemin de fer ou une voiture fermée.

Dire d'avance par le simple calcul ce que l'atmosphère pourrait contenir en oxyde de carbone, après la combustion d'une quantité donnée de tabac, est évidemment impossible, parce que la ventilation très-active qui se fait par les parties mal jointes des portes et des fenêtres renouvelle l'air rapidement. L'expérience seule pouvait indiquer la quantité d'oxyde de carbone qui, au bout d'un certain temps, serait contenue dans une telle atmosphère. Si, en nous mettant dans les plus mauvaises conditions possibles, nous ne constatons dans l'air qu'une quantité très-minime d'oxyde de carbone, nous pouvions en conclure que ce n'est que très-exceptionnellement que ce gaz peut se rencontrer en proportions dangereuses dans l'atmosphère des fumeurs.

Une des conditions les plus désavantageuses où puisse se trouver un fumeur au point de vue de la réduction de l'espace est évidemment le séjour dans une de ces étroites voitures nommées coupés. C'est donc une voiture de cette sorte que j'ai choisie pour siège de mes expériences.

Le 28 avril 1879, M. Callamand, jeune médecin dont j'ai eu à apprécier bien des fois la bonne volonté et l'obligeance, a bien voulu monter avec moi dans une voiture, dite coupé, dont la capacité intérieure, déduction faite des banquettes et des voyageurs, était d'environ 1,200 décimètres cubes. La voiture, dont les glaces avaient été fermées, a circulé pendant 3/4 d'heure, et pendant cet espace de temps, M. Callamand et moi avons fumé à nous deux 7 gr. 50 de tabac scaferlati ordinaire. La température intérieure de la voiture, qui était de 13° au commencement de l'expérience, était de 22° à la fin. Commençant à être un peu incommodés, nous avons arrêté l'expérience et rempli un sac de caoutchouc de 25 litres avec l'air de la voiture. D'après la proportion de tabac brûlée, nous aurions dû trouver 500 centimètres cubes d'oxyde de carbone par mètre cube ; or, nous n'en avons trouvé que 100 à peine, quantité insuffisante pour incommoder sérieusement. Malgré la fermeture des glaces et des portières, la plus grande partie de l'oxyde de carbone s'était donc échappée au dehors, grâce au renouvellement de l'air par les portières ou les fenêtres mal jointes. Le fumeur n'est donc pas exposé dans les cas analogues à respirer des quantités bien notables d'oxyde de carbone.

Supposons cependant un instant que le fumeur se trouve enfermé dans une voiture dont la construction soit assez parfaite pour que l'air ne puisse ni entrer ni sortir, et où, par conséquent, l'oxyde de carbone puisse s'accumuler sans se perdre. Eh bien, même dans ce cas invraisemblable, il existe une raison majeure qui empêcherait le fumeur d'être exposé à respirer de l'oxyde de carbone en proportion mortelle, ou même réellement dangereuse. En même temps en effet que se produit l'oxyde de carbone par la combustion du tabac, il se forme une série de produits tels que la nicotine et divers principes que j'étudierai bientôt, tous plus toxiques que l'oxyde de carbone, et qui, mélangés à l'atmosphère, l'auraient rendue irrespirable au point d'obliger le fumeur à la fuir avant que l'oxyde de carbone ait pu produire son action. J'ai constaté plusieurs fois, du reste, quand je faisais mes expériences sur le dosage de la nicotine dans la fumée du tabac, qu'une atmosphère ne pouvant contenir que des proportions d'oxyde de carbone insuffisantes pour incommoder, pouvait être rendue presque entièrement irrespirable par les produits que je viens de mentionner.

Des expériences directes sur l'homme viennent confirmer ce qui précède. M. le Dr Périgord rapporte, dans une thèse intéressante sur la fumée du tabac, qu'un de ses amis, fumeur exercé, ayant consenti à fumer coup sur coup deux cigares de 10 cent. en respirant leur fumée, se trouva bientôt tellement indisposé qu'il lui fut impossible de finir le second cigare. Les produits de sa respiration, recueillis pendant quelque temps dans un ballon, ne contenaient cependant que des traces insignifiantes d'oxyde de carbone, ce qui prouve que la nicotine et les autres produits de la fumée du tabac condensés dans les poumons, et absorbés par le torrent circulatoire avaient produit leur action toxique bien

avant que l'oxyde de carbone s'y fût trouvé en quantité suffisante pour produire la sienne.

Nous conclurons de tout ce qui précède que si l'oxyde de
carbone vient ajouter son action à celle des autres produits
contenus dans la fumée du tabac, ce n'est pas à lui cependant, comme on l'a prétendu récemment en Allemagne,
que cette dernière doit ses propriétés dangereuses. Elle la
doit, non-seulement à la nicotine non décomposée qu'elle
contient en très-forte proportion, comme nous l'avons
montré, mais encore à d'autres composés aussi toxiques
que cet alcaloïde que nous allons rechercher maintenant.

## CHAPITRE III

—

### RECHERCHE ET DOSAGE DE L'ACIDE PRUSSIQUE CONTENU DANS LA FUMÉE DU TABAC.

Lorsque je faisais, il y a huit ans, les recherches qui ont servi de base à la première édition de ce mémoire, j'avais été frappé de ce fait, que les tabacs qui agissent le plus sur le système nerveux, ceux notamment avec lesquels se fabriquent les forts cigares de la Havane, et certains tabacs dits du Levant, contiennent beaucoup moins de nicotine que des cigares communs ou du scaferlati ordinaire que les fumeurs les plus inexpérimentés fument sans difficulté. Il était donc évident que, en dehors de la nicotine et des produits que j'ai signalés, la fumée de tabac devait contenir d'autres substances actives, mais faute de temps je ne m'étais pas occupé de ce côté de la question.

La méthode que nous avons employée pour nos nouvelles recherches, et qui consiste à faire passer la fumée à travers des liquides différents destinés chacun à la dépouiller de certains principes, nous a conduit à isoler des substances nouvelles qui contribuent à donner au tabac son odeur, et qui suffiraient en l'absence complète de nicotine à lui donner des propriétés toxiques. Les unes sont des principes aromatiques dont je parlerai dans un prochain chapitre, les autres sont de l'acide prussique dont nous allons nous occuper maintenant. Toute la partie de ce travail relative à l'extraction de l'acide prussique et des principes aromatiques a été faite avec la collaboration de mon ami le D\u02b3 Georges Noël dont la science étendue et l'habileté m'avaient déjà été fort précieuses dans des recherches de physique et de mécanique délicates. Nous avons pu, non-seulement doser exactement la proportion d'acide prussique constatée dans la fumée du tabac, mais encore en retirer à l'état de pureté une notable quantité qui a été présentée à diverses sociétés savantes.

Laissant de côté les recherches préalables que nous avons dû faire pour arriver à découvrir l'existence de l'acide prussique dans la fumée du tabac, je décrirai la méthode que nous avons employée pour l'en extraire en nature et le doser.

Le tabac est traité dans un appareil analogue à celui précédemment décrit. Les produits de la combustion traversent d'abord des laveurs à acide sulfurique qui retiennent la nicotine, l'ammoniaque et les autres bases que la fumée peut contenir et mettent en liberté l'acide prussique qui pourrait se trouver combiné avec ces bases. La fumée passe alors dans une série de laveurs à boule contenant de la potasse qui retient l'acide prussique et divers acides, notamment l'acide carbonique. La combustion du tabac terminée, tous les liquides alcalins sont réunis dans un ballon, en communication avec un serpentin, dans lequel on verse par petites quantités, au moyen d'un tube, de l'acide sulfurique destiné à neutraliser la potasse. L'acide carbonique qui se dégage n'entraîne aucune portion d'acide prussique, comme on peut s'en convaincre en faisant passer le premier à travers un flacon renfermant une solution de nitrate d'argent.

. La saturation étant terminée, on verse de l'acide sulfurique en excès pour déplacer l'acide prussique et on chauffe le ballon qui contient le mélange. Les produits distillés sont recueillis jusqu'à ce qu'ils ne contiennent plus de traces d'acide prussique. On s'en assure en traitant une partie du liquide distillé par du sulfhydrate d'ammoniaque qui transforme l'acide prussique en sulfocyanure d'ammonium, lequel donne ensuite avec le perchlorure de fer une belle coloration rouge. Cette réaction est, comme on le sait, extrêmement sensible. L'expérience démontre du reste que l'acide prussique passe dans les premiers produits de la distillation.

En soumettant à plusieurs rectifications ces premiers pro-duits, on obtient une solution d'acide prussique très-concen-trée, possédant l'odeur extrêmement pénétrante de cet acide et tous ses caractères chimiques. Il est mélangé cependant à une certaine quantité d'eau et à divers principes aromatiques. Pour l'en séparer et en même temps le doser exactement, il n'y a qu'à le distiller de nouveau et recueillir les produits de la distillation dans une solution titrée de nitrate d'argent qui transforme l'acide prussique en cyanure d'argent. L'opération terminée, la solution est titrée de nouveau et la différence — correction faite du volume — donne le poids de cyanure d'argent qu'on peut du reste en-suite filtrer et peser. Avec le cyanure d'argent ainsi obtenu, on prépare ensuite de l'acide prussique absolument pur. C'est ainsi qu'ont été préparés les flacons d'acide prussique extrait de la fumée du tabac que nous avons présentés à diverses sociétés savantes.

Le poids d'acide prussique obtenu dans les expériences qui précèdent a considérablement varié avec les tabacs em-ployés. La fumée du tabac ordinaire, n'en donne guère que 3 à 4 milligrammes par 100 grammes de tabac brûlé. Celle du Levant, 7 à 8 milligrammes pour la même quantité de tabac brûlé.

En raison des pertes qu'entraînent nécessairement des opérations aussi longues que celles que je viens de résumer, les chiffres qui précèdent sont évidemment très-au-dessous des chiffres réels. Tels qu'ils sont cependant, ils sont encore élevés. On le comprendra facilement en se rappelant que l'acide prussique est le plus violent des poisons connus, et qu'une seule goutte posée sur l'œil d'un chien le fait ins-tantanément périr.

Quand on compare les effets que produisent certains tabacs sur les fumeurs non exercés ou même sur des fumeurs exercés qui en consomment une quantité trop grande, on est frappé de l'analogie que ces effets présentent avec ceux produits par l'acide prussique. Je reviendrai sur cette question dans le chapitre consacré aux expériences, et me bornerai actuellement à dire que c'est en partie à leur richesse en acide prussique que ces tabacs doivent leurs propriétés toxiques. Ils les doivent encore, comme nous allons le voir bientôt, à des principes aromatiques particuliers que les divers tabacs contiennent en proportions différentes. Leur influence, jointe à celle de l'acide prussique, nous permet de comprendre le fait inexpliqué jusqu'ici, et que je signalais en commençant ce chapitre, que ce n'est pas de la richesse plus ou moins grande du tabac en nicotine que dépendent seules ses propriétés toxiques.

Il est très-vraisemblable que l'acide prussique se forme pendant la combustion du tabac et n'existe pas dans la plante. Il s'y trouve évidemment en combinaison avec quelques unes des bases nombreuses que la fumée du tabac contient.

# CHAPITRE IV

## RECHERCHES DES PRINCIPES AROMATIQUES QUI DONNENT A LA FUMÉE DU TABAC SON PARFUM.

Les fumeurs les moins exercés, ou même les personnes n'ayant jamais fumé, savent qu'il existe des différences considérables entre l'odeur des diverses qualités de tabac. Personne ne confondra le parfum qui se dégage d'une pipe ou d'un mauvais cigare avec l'odeur agréable que produit la fumée des cigares de la Havane, moins encore avec l'odeur de la nicotine à l'état de pureté. Cette dernière contribue sans doute, ainsi que l'ammoniaque, à donner à la fumée du tabac son parfum; mais il est évident qu'elle doit être mélangée à d'autres principes fort différents qu'il s'agit de rechercher.

Plusieurs chimistes ont déjà abordé ce problème, mais sans succès. Les longues recherches faites à la manufacture des tabacs de Paris par les habiles ingénieurs qui la dirigent ne leur ont fourni aucun résultat. Des expériences fort longues qui ont porté sur 500 kilogrammes de tabac (dont la valeur serait de plus de 5000 fr. dans les débits), n'ont fourni d'autre résultat que la production de 2 ou 3 grammes d'un liquide épais de nature indéterminée, et d'odeur infecte n'ayant aucune analogie avec celle de la fumée du tabac ou du tabac avant sa combustion.

L'extraction de ces principes aromatiques n'était pas du reste chose facile; d'une part, en effet, la fumée du tabac contient un nombre considérable de composés différents, et, d'autre part, il est évident que le parfum spécial de la fumée est le produit du mélange de corps déjà très-odorants dont nous avons constaté la présence, tels que la nicotine, l'ammoniaque, l'acide prussique, etc., avec les substances aromatiques qu'il s'agit de reconnaître. On ne saurait donc espérer, même après avoir isolé ces dernières, reproduire l'odeur de la fumée du tabac autrement qu'au moyen de mélanges fort complexes qu'emploient les parfumeurs.

Mais si nous ne pouvons espérer isoler dans la fumée du tabac un produit spécial ayant précisément son odeur, au moins pouvons-nous y découvrir quelque produit à odeur caractéristique contribuant évidemment par son mélange avec ceux qui précèdent à donner à la fumée son parfum agréable. C'est là précisément le but que n'avaient pu attendre les expériences faites jusqu'ici et qu'ont pu résoudre celles dont nous allons parler. Par des procédés que nous allons faire maintenant connaître, nous avons pu extraire de la fumée du tabac deux corps particuliers d'odeur aromatique très-caractéristique.

Pour isoler ces principes aromatiques, nous avons employé l'appareil représenté dans la figure ci-jointe. Le premier flacon au-dessus duquel est placé l'entonnoir où se fait la combustion est un laveur à acide sulfurique très-étendu, qui retient l'ammoniaque et la nicotine. Le premier barbotteur à boules contient le même liquide. Le dernier contient de l'eau distillée ; destiné à retenir les principes aromatiques volatils qui pourraient s'être échappés. Dans nos dernières expériences, nous avons triplé le nombre des barbotteurs.

Aussitôt que la fumée du tabac a été dépouillée de son ammoniaque et de sa nicotine, par son passage à travers l'acide sulfurique, elle prend immédiatement une odeur aromatique particulière, très-agréable et extrêmement pénétrante. Avec certains tabacs, ceux qui servent par exemple à fabriquer les cigares Regalias-Britannica, à 0 fr. 60 c., l'odeur est si pénétrante, que deux cigares suffisent à donner à 50 centimètres cubes d'eau une odeur très-agréable qui se conserve sans altération pendant plus d'une année. Le liquide aromatique ainsi obtenu varie un peu d'odeur avec les divers tabacs employés. Le scaferlati ordinaire donne une odeur beaucoup moins forte et moins agréable que certains tabacs de la Havane.

L'opération terminée, les liquides des divers flacons laveurs sont soumis à une série de distillations répétées qui les

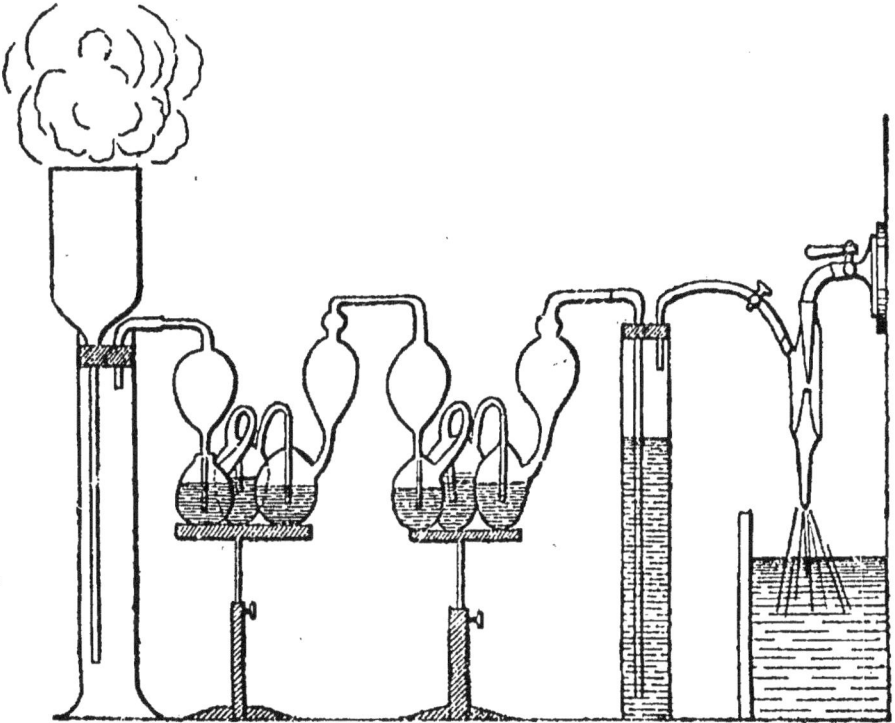

Fig. 3.

purifie et les concentre de plus en plus. Le premier des corps aromatiques passe dans les premiers produits de la distillation. Le dernier ne passe au contraire que quand les liquides ont été concentrés par un grand nombre de distillations successives.

Les deux principes ainsi obtenus sont des corps liquides, le premier faiblement soluble, le second tout à fait insoluble dans l'eau ; ce dernier seul possède une odeur rappelant celle du tabac. L'odeur du premier est très-agréable, elle est si pénétrante qu'une baguette de verre qu'on y a plongée et qu'on agite ensuite dans une grande quantité d'eau suffit à lui communiquer une odeur très-intense.

Sa proportion varie considérablement, suivant les tabacs employés. Elle est plus abondante dans les tabacs de la Havane et du Levant que dans les tabacs communs. Dans les tabacs du Levant, la fumée en contient au moins un gramme par kilogramme de tabac brûlé.

C'est un composé extrêmement toxique et au moins aussi dangereux que la nicotine. La vingtième partie d'une goutte suffit pour tuer une grenouille. La mort survient rapidement après de la paralysie qui débute généralement par les membres antérieurs. Respirée pendant quelque temps, elle produit des troubles divers et notamment des vertiges répétés, ainsi qu'on le verra dans le chapitre consacré à l'étude de ses effets physiologiques.

Il eût été naturellement intéressant de doser exactement la proportion de ces principes contenus dans les divers tabacs, et de déterminer nettement leur nature chimique. Si nous ne l'avons pas fait, c'est simplement parce que, pour obtenir des chiffres suffisamment précis, il eût fallu opérer sur de grandes quantités de substances et que ces expériences sont excessivement longues et coûteuses (1). Toutes les expériences dont il est parlé dans ce mémoire ont été faites à nos frais, et, en dehors de deux boîtes de cigares que m'a gracieusement offertes la Société contre l'abus du tabac, nous avons dû acheter tous les tabacs nécessaires

---

(1) Pour brûler 1 kilogr. de tabac dans des appareils imitant les conditions où se trouvent les fumeurs, il faut 40 heures environ, et l'opération doit être constamment surveillée. Pour obtenir quelques grammes de produit, il faut opérer sur plusieurs kilogr. de tabac. Or, les cigares dits londrès qui ont servi à nos entreprises, coûtent environ 50 fr. le kilog. J'ai également opéré sur des qualités (Regalias-Britannica) qui valent 600 fr. les mille cigares.

à ces recherches. Après avoir consacré à cette étude beaucoup plus de temps et d'argent que je ne le pensais d'abord, j'ai dû la suspendre.

Mais si nous n'avons pas déterminé la nature chimique des deux principes dont nous venons de parler, au moins avons-nous pu réussir à effectuer cette détermination pour le plus important d'entre eux. Ce corps aromatique, d'une odeur si pénétrante, auquel la fumée doit évidemment en grande partie son parfum, et dont les propriétés toxiques sont si caractéristiques, n'est autre qu'un alcaloïde, la *collidine*. Cette base avait déjà été signalée dans les produits de la distillation sèche de plusieurs composés organiques, mais personne n'avait soupçonné encore à notre connaissance ses propriétés physiologiques, et le fait que la fumée du tabac contient un alcaloïde autre que la nicotine et aussi toxique qu'elle était tout à fait imprévu.

La collidine est un alcaloïde appartenant à la série pyridique. Elle fait partie de cette série de bases homologues qui prennent naissance dans la distillation de beaucoup de matières organiques et dont voici les premiers termes :

Pyridine    $C^5 H^5$ Az.
Picoline    $C^6 H^7$ Az.
Lutidine    $C^7 H^9$ Az.
Collidine   $C^8 H^{11}$ Az.
Parvoline   $C^9 H^{13}$ Az,
Etc.

Quant au second des principes aromatiques dont nous avons parlé et dont le point d'ébullition est beaucoup plus élevé que celui de la collidine et l'odeur entièrement différente, nous n'en parlerons pas, n'en ayant pas obtenu une quantité suffisante pour faire son étude. Peut-être appartient-il aussi à la série pyridique, mais c'est une opinion que nous ne hasardons qu'à l'état d'hypothèse. Nous ne nous prononcerons même pas non plus sur ses réactions, son odeur et ses propriétés physiologiques, n'étant pas certain de l'avoir obtenu à l'état de pureté.

Pour en obtenir une quantité suffisante et pouvoir l'étudier, il suffira d'opérer sur une quantité de tabac convenable.

Avec les indications précédentes, nos expériences seront facilement complétées par les personnes ayant à leur disposition de grandes quantités de tabac, tels que les savants ingénieurs de nos manufactures. Il y a bien des choses à trouver du reste encore dans la fumée du tabac. Je signalerai notamment un composé — probablement un hydrocarbure — d'une odeur spéciale très-désagréable, qu'on ne peut respirer quelque temps sans en être incommodé, qu'il nous a été impossible de retenir par aucun dissolvant, et que l'odorat perçoit dans le courant d'air qui a traversé tous les laveurs.

Je ferai remarquer, en terminant, que les principes aromatiques dont j'ai parlé sont sans analogie aucune avec le composé solide, nommé nicotianine, qu'on a retiré autrefois du tabac en distillant ses feuilles avec de l'eau.

# CHAPITRE V

## EXPÉRIENCES FAITES SUR LES ANIMAUX ET SUR L'HOMME AVEC LES PRODUITS DIVERS DE LA CONDENSATION DE LA FUMÉE DU TABAC

### § I. EXPÉRIENCES FAITES AVEC LA TOTALITÉ DES PRODUITS DE LA CONDENSATION DE LA FUMÉE

La plupart des expérimentateurs qui ont voulu étudier l'action du tabac sur les animaux se sont servi de nicotine. La fumée de tabac contient, il est vrai, une notable proportion de cette substance, mais elle renferme aussi, comme nous l'avons dit, d'autres matières actives. En opérant comme nous l'avons fait avec de la fumée condensée, on arrive évidemment à des conclusions beaucoup plus pratiques qu'en se bornant à expérimenter sur la nicotine. Nous avons complété du reste nos recherches en expérimentant ensuite sur les divers produits que la fumée contient, afin de pouvoir bien apprécier le rôle de chacun d'eux.

*Expériences faites avec le liquide goudronneux qui se condense dans les tuyaux de pipe et les porte-cigares.* — Ce liquide forme ce que les fumeurs désignent vulgairement sous le nom de jus. Une goutte est introduite dans la bouche d'une forte grenouille. L'animal semble d'abord foudroyé comme si on avait employé de la nicotine pure, mais il se relève, fait quelques mouvements et meurt au bout de 20 minutes environ avec les symptômes de l'empoisonnement par la nicotine : convulsions tétaniformes des muscles de l'abdomen, tremblements fibrillaires des muscles, etc. Comme on le voit, ce liquide s'est montré presqu'aussi toxique qu'aurait pu l'être la nicotine elle-même.

*Expériences faites avec la fumée qui s'est condensée dans les vases représentant les poumons et la bouche.* — Phénomènes analogues à ceux observés dans l'expérience précédente. L'animal semble foudroyé, puis se relève, mais ne fait guère de mouvements que quand on le pince. Il est complétement remis au bout d'un quart-d'heure, mais ses mouvements restent gênés pendant plusieurs heures. La dose employée à été trois gouttes.

Dix centimètres cubes du liquide provenant de la condensation de la fumée dans les vases représentant les poumons et la bouche sont jetés dans un bocal vide de 1 litre, et une forte grenouille y est introduite. L'animal fait les efforts les plus violents pour sortir du vase, mais ses efforts se ralentissent rapidement et au bout de quelques minutes il semble assoupi. Il ne se réveille que si on le pince énergiquement. Au bout d'une demi-heure, la tête, qui était restée soulevée, s'affaisse en avant et l'animal devient complétement insensible aux piqûres. Tous les efforts faits pour le ramener à la vie sont infructueux.

Les phénomènes observés se sont rapprochés de ceux précédemment mentionnés, avec cette différence importante toutefois, que les muscles abdominaux n'ont pas présenté la contraction tétaniforme que nous avons signalée.

L'ammoniaque que les produits condensés de la fumée contiennent en si forte proportion est-elle venue ajouter son action à celle de la nicotine ? Ne serait-ce pas à ce composé qu'a été due la mort de l'animal ? Les deux expériences suivantes ont été faites pour élucider la question.

*Exp. A.* Une grenouille est introduite dans un bocal de 1 litre de capacité avec 10 centimètres d'eau, contenant une quantité de nicotine précisément égale à celle que renfermait la solution employée dans l'expérience précédente. L'animal meurt très-rapidement avec tous les symptômes de l'empoisonnement par la nicotine (contraction tétaniforme des muscles de l'abdomen, etc.)

*Exp. B.* Une autre grenouille est ensuite introduite dans un autre bocal de même capacité que le précédent et on y verse 10 cent. cubes d'eau renfermant une quantité d'ammoniaque précisément égale à celle contenue dans le liquide qui avait été employé dans l'expérience relatée plus haut. L'animal fait des efforts désespérés pour sortir du bocal, mais retombe bientôt inanimé. Il semble complétement insensible et les piqûres, qui, dans les expériences précédentes, provoquaient des mouvements énergiques, restent sans effet ; ce n'est que spontanément que l'animal sort de son immobilité. Il exécute alors de violents mouvements qui se ralentissent de plus en plus. Finalement, l'animal se borne à agiter les pattes de derrière, sans remuer celles de devant qui semblent complétement paralysées. La mort arrive au bout d'un quart-d'heure.

La dose d'ammoniaque contenue dans les produits de la fumée du tabac condensée est, comme on le voit, suffisante à elle seule pour amener la mort, chez les petits animaux, mais la différence des symptômes entre les effets de l'ammoniaque et ceux de la nicotine employées séparément ou simultanément, ainsi que nous venons de le faire, est notable.

## § II. Expériences faites avec la nicotine sur les animaux et sur l'homme.

Bien que nous n'ayons nullement eu pour but d'étudier dans ce travail l'action de la nicotine, mais bien celle de la fumée du tabac, — ce qui n'est pas du tout la même chose — nous avons été naturellement plusieurs fois conduits à étudier les effets de la nicotine pure, afin de pouvoir comparer son action à celle de la fumée du tabac lui-même. La plupart de nos expériences, notamment celles relatives à l'action des vapeurs de nicotine bouillante, ou de la nicotine à petites doses, ne font pas du reste double emploi avec celles publiées jusqu'ici sur l'action toxique de cette substance.

La nicotine existe dans le tabac à l'état de combinaisons encore mal définies avec des acides organiques. Ses propriétés toxiques étaient connues depuis fort longtemps ; car, au XVII<sup>e</sup> siècle, on parlait d'une « quintessence de tabac » préparée à Florence, et dont « une goutte introduite dans une piqûre faisait mourir à l'heure même. » Les Peaux rouges paraissent faire entrer le suc concentré retiré du tabac, et par conséquent très-riche en nicotine, dans la composition des poisons qui servent à empoisonner leurs flèches. Je ferai remarquer en passant que cette influence toxique que peut exercer la nicotine introduite dans les blessures a une importance sur laquelle on oublie généralement d'insister. Il n'est guère de fumeurs qui ne s'exposent à ce genre d'intoxication en nettoyant avec des instruments pointus, comme on le fait généralement pour les pipes ou porte-cigares dont le tuyau est encrassé par cette matière noire, goudronneuse, vulgairement nommée jus de pipe et qui, d'après les expériences mentionnées plus haut, est très-riche en nicotine et presque aussi toxique qu'elle. Une blessure faite avec un instrument imprégné de cette substance pourrait déterminer des accidents rapidement mortels.

Relativement à l'action physiologique de la nicotine, je me bornerai à rappeler que, suivant les auteurs, elle agit sur les régions supérieures de la moelle épinière. Les effets qu'elle produit à haute dose, et que, comme tous les expérimentateurs j'ai observés, sont une contraction tétanique violente des muscles succédant à leur excitation. Les vaisseaux artériels se contractent également, se rétrécissent et se vident. Si l'animal survit, une période de résolution complète succède à la raideur tétanique. Violemment excité d'abord, l'organisme subit ensuite une dépression proportionnelle à cette excitation même, ce qui est au surplus le cas de la plupart des excitants physiologiques.

Plusieurs auteurs ont signalé la facilité singulière à laquelle on s'accoutume à l'action de la nicotine, et j'ai moi-même constaté cette accoutumance. Traube a été obligé d'arriver en quatre jours à donner cinq gouttes de nicotine pour produire l'effet que produirait $1/24^{me}$ de goutte le premier jour. Je trouve dans plusieurs auteurs que Haugton aurait donné 54 gouttes de nicotine en 4 jours à un malade atteint de tétanos. Je crains bien cependant qu'il y ait eu quelque erreur d'impression dans l'indication de ce dernier chiffre. Une dose semblable serait suffisante certainement pour tuer une douzaine d'individus vigoureux.

Quoi qu'il en soit, il est certain — et cela est heureux pour les fumeurs, — que si la nicotine est, après l'acide prussique, le plus énergique des poisons connus, c'est également celui auquel on arrive à s'accoutumer le plus rapidement.

*Expériences faites avec la nicotine sur les animaux.* — Une goutte de nicotine pure placée à l'extrémité d'une baguette de verre est introduite dans la bouche d'une forte grenouille ; l'animal que nous tenions par les pattes de derrière fait quelques mouvements, puis croise ses pattes antérieures et reste immobile. Posé sur la table, nous observons les phénomènes suivants : rigidité des membres, contractions tétaniformes des parois latérales de l'abdomen, qui semblent collées contre la colonne vertébrale, tremblements fibrillaires des muscles. Pendant un quart d'heure environ, on peut provoquer des mouvements en pinçant fortement l'animal, mais ces mouvements ne portent que sur le train postérieur seulement, car le train antérieur est presque entièrement paralysé. Bientôt les pincements les plus énergiques restent sans action. La contractilité sous l'influence de l'électricité persiste pendant plus longtemps, mais les courants électriques sont impuissants à ramener l'animal à la vie. Les battements du cœur se continuent longtemps après la mort.

La nicotine a été administrée à 10 heures du matin, à 10 heures 45 minutes l'animal est ouvert et le cœur mis à nu. Il bat 53 fois par minute, à 6 heures du soir il battait 34 fois, à 8 heures 16 fois, à 9 heures et quelques minutes, les battements s'arrêtèrent complétement.

*Expériences faites avec de la vapeur de nicotine bouillante sur les animaux.* — Deux gouttes de nicotine introduites dans une capsule de platine sont portées à l'ébullition et j'expose la tête d'une grenouille aux vapeurs qui se dégagent. L'animal fait quelques mouvements, puis étend ses pattes, renverse la tête en arrière et reste complétement immobile. Les muscles de son abdomen se contractent comme dans la plupart des expériences précédentes et il exécute quelques mouvements quand on le pince. La mort complète arrive au bout d'un quart-d'heure.

*Expériences faites avec de la nicotine placée sur la peau d'un animal.* — Deux gouttes de nicotine sont placées sur le dos d'une grenouille. En moins de deux minutes, les mouvements respiratoires s'arrêtent et les muscles abdominaux se contractent énergiquement comme précédemment. Pendant une dizaine de minutes, on provoque quelques rares mouvements en pinçant l'animal.

L'action du poison s'est donc montrée au moins aussi énergique dans cette dernière expérience que dans celles qui l'ont précédée.

*Expériences faites avec la nicotine à très-petite dose.* — Une solution contenant une goutte de nicotine dans un litre d'eau, soit une solution au 1/20000 environ possède une odeur très-sensible. Cent centimètres cubes de ce liquide sont introduits dans un bocal où on place une grenouille. L'animal s'engourdit bientôt et tombe dans un état de somnolence et de stupeur dont il ne sort que quand on le pince.

Au bout de 24 heures je renouvelle le liquide, le lendemain j'y trouve l'animal mort, les membres antérieurs contractés.

La même expérience est répétée en portant la nicotine à la dose de 4 gouttes par litre d'eau. L'animal est plongé dans 200 centimètres cubes du liquide. Au bout de douze heures on le trouve mort.

Pour apprécier l'action des vapeurs de nicotine à petite dose, on verse une goutte de nicotine dans du coton placé sous un entonnoir en verre où se trouve une grenouille. L'animal présente bientôt des symptômes de paralysie, et la mort parvient au bout de 1 heure 3/4.

Indroduite directement dans le torrent circulatoire, la nicotine est également très-toxique à petites doses. Une goutte d'une solution aqueuse de nicotine au 1/20 est injectée sous la peau d'une grenouille. Au bout de 3 minutes, contraction des quatre membres, tremblement fibrillaire des muscles, et l'animal ne réagit plus contre les excitations. Abandonné à lui-même, il revient à la vie au bout de 3/4 d'heure.

Il était intéressant d'étudier au myographe l'action de la nicotine sur le système nerveux. La grenouille ayant été placée sur la planchette de notre myographe (1), on lui fait

---

(1) Pour la description du myographe employé dans nos recherches, je renverrai le lecteur au travail que j'ai récemment publié sous ce titre : La méthode graphique et ses applications aux sciences physiques, mathématiques et biologiques (in-8°, 1879, chez Lacroix). Ce travail contient 60 gravures dessinées en partie à mon laboratoire, d'après des instruments nouveaux dus à mes recherches et à celles de mon collaborateur, le Dr Noël.

tracer plusieurs circonférences sur le papier noir placé autour du cylindre pour avoir des courbes normales, et on lui injecte une goutte de la solution au 1/20.

L'étude des tracés montre que sous l'influence de la nicotine, les contractions sous l'influence de l'électricité sont plus énergiques qu'à l'état normal, mais que la contractilité

Fig. 4. *Courbe myographique tracée à notre laboratoire par une grenouille placée sous l'influence de la nicotine.*

s'épuise rapidement. Si on laisse l'animal se reposer quelque temps, la contractilité reparaît.

Ces expériences semblent prouver que la nicotine est un excitant puissant, qui permet à l'animal de dépenser instantanément tout ce qu'il possède de force en réserve, c'est-à-dire de transformer immédiatement en forces vives la plus grande partie de ses forces de tension. Cette provision étant épuisée, il reste naturellement dans un état de dépression profonde, pendant tout le temps nécessaire pour la réparer.

Si on place sur le nerf sciatique de l'animal mis à nu pour l'expérience précédente, une goutte de nicotine pure, les contractions musculaires deviennent bien plus fortes sous l'influence de l'électricité, mais elles s'épuisent rapidement, et bientôt les muscles ne se contractent plus.

*Expériences faites avec la nicotine pure sur l'homme.* — La nicotine est un poison redoutable assurément. Les expériences précédentes le prouvent suffisamment. Il faut bien reconnaître cependant qu'on a un peu exagéré ses effets sur les grands animaux et sur l'homme. On lit, en effet, dans la plupart des ouvrages spéciaux qu'une goutte de cette substance peut tuer un homme ou un animal de forte taille, mais cette évaluation me semble peu fondée. En opérant avec de la nicotine très-pure provenant de la manufacture des tabacs que nous devions à l'obligeance de M. Schlœsing, nous nous sommes convaincu, par des expériences faites sur nous-même, qu'une goutte de ce liquide placée sur la langue ne produisait d'autres effets appréciables qu'une saveur insupportable, et tout au plus quelques palpitations. Ce n'est pas sans appréhension sans doute, que nous avons tenté cette expérience pour la première fois, mais convaincu de son innocuité, nous l'avons répétée depuis plusieurs fois.

On lit également dans tous les traités de chimie, que la vapeur que la nicotine répand à froid, est tellement irritante « qu'on respire avec peine dans une pièce où l'on a répandu une goutte de cet alcaloïde. » Nous ne pouvons admettre davantage l'exactitude de cette assertion, car nous avons travaillé sur la nicotine et le tabac, plusieurs mois dans un laboratoire étroit où l'atmosphère était constamment imprégnée des vapeurs de nicotine sans avoir éprouvé aucune gêne dans la respiration.

La vapeur de la nicotine n'est dangereuse à respirer, que lorsqu'on chauffe cette substance. Les vapeurs épaisses qui se dégagent alors, sont excessivement toxiques; nous avons vu qu'elles foudroyaient presqu'instantanément les animaux qu'on y exposait, et l'homme lui-même ne saurait la respirer quelques secondes sans danger de mort. Une ou deux bouffées respirées par mégarde ont déterminé immédiatement chez nous une suffocation vive, des palpitations prolongées, de l'anxiété précordiale, des vertiges, et un commencement de syncope. L'expérience répétée volontairement une seconde fois a produit exactement les mêmes symptômes.

Tels sont les effets, que j'ai pu observer, de la nicotine et de sa vapeur sur l'homme. On comprend qu'il m'était difficile de pousser plus loin mes expériences sur ce point.

### § III. Expériences faites avec l'acide prussique contenu dans la fumée du tabac.

Les effets produits par l'acide prussique extrait de la fumée du tabac sont naturellement exactement les mêmes que ceux produits par l'acide prussique obtenu par tout autre procédé, et son action foudroyante est trop connue pour qu'il soit utile de la rappeler ici. La relation des expériences faites avec cette substance serait du reste sans intérêt pratique, puisque l'acide prussique ne se trouve dans la fumée du tabac qu'à dose très-faible et mélangé à d'autres principes.

Je n'aurais donc pas consacré un paragraphe spécial à son étude, si nous n'avions constaté en manipulant cet acide des effets physiologiques qui nous ont paru avoir certaines analogies avec ceux produits par la fumée du tabac et conduit à admettre, par conséquent, que c'est en partie à l'acide prussique que sont dus les effets toxiques de certains tabacs, les cigares de la Havane notamment.

Quand on s'expose pendant quelque temps, comme nous l'avons fait, le Dr Noël et moi dans nos expériences, aux vapeurs de l'acide prussique, on constate bientôt une série de symptômes décrits du reste dans les ouvrages récents de toxicologie : palpitations, nausées, céphalalgie, pesanteur de tête, étourdissements, faiblesse musculaire, etc., qui sont exactement ceux qu'on observe en fumant de forts cigares auxquels on n'est pas habitué. Les palpitations, la faiblesse

musculaire, et surtout les étourdissements sont trois phénomènes que j'ai observés fréquemment sur moi pendant que je
faisais mes expériences sur le tabac. J'attribuais d'abord ces
effets à la nicotine, alors que je ne connaissais pas la présence
de l'acide prussique dans la fumée du tabac ; mais leur analogie avec ceux que produit l'acide prussique lui-même m'a
amené à conclure, comme je viens de le dire, que c'est en
partie à ce composé que sont dus les effets toxiques observés. Je dis en partie, parce que en même temps que nous
étions exposé aux vapeurs d'acide prussique, nous l'étions
également à celle des principes aromatiques du tabac, qui
jouissent de propriétés analogues. Bien qu'habitué à vivre
dans les laboratoires, le Dr Noël ne peut respirer quelque
temps ces dernières sans être pris bientôt de violents
vertiges.

C'est également à l'acide prussique, je crois, que sont dus
les effets antiaphrodisiaques attribués par beaucoup d'auteurs à l'usage prolongé du tabac. Ce composé possède à ce
point de vue des propriétés très-connues de tous ceux qui
ont eu occasion de manier du cyanure de potassium pendant
quelque temps.

Je terminerai ce qui concerne l'action de l'acide prussique
en rappelant que cet agent toxique est, comme l'oxyde de
carbone, dont il se rapproche beaucoup par ses propriétés
physiologiques, un poison des globules sanguins. De même
que l'oxyde de carbone, il forme avec l'hémoglobine des
globules une combinaison cristallisable qui ôte à ces dernières leur propriété d'absorber l'oxygène. A cet empoisonnement du sang doit se joindre cependant une action particulière sur le système nerveux, autrement il serait difficile
de comprendre qu'une seule goutte de cet acide posée sur la
langue d'un chien puisse le foudroyer instantanément.

§ IV. Expériences faites sur les animaux et sur l'homme avec les principes aromatiques contenus dans la fumée du tabac.

Les expériences ont presque exclusivement porté sur le principe aromatique un peu soluble dans l'eau et à odeur très-pénétrante obtenu comme je l'ai indiqué dans un précédent chapitre, c'est-à-dire sur la collidine.

Une goutte de cet alcaloïde est dissoute dans environ 40 gouttes d'eau. 10 gouttes de la solution ainsi obtenue contenant par conséquent un quart de goutte de collidine sont injectées sous la peau d'une grenouille vigoureuse. On observe d'abord une vive agitation remplacée au bout de quelques minutes par de l'engourdissement, puis par une paralysie complète des membres antérieurs. L'animal réagit violemment quand on le pince; mais seulement en agitant les pattes de derrière. La mort survient en 10 minutes environ sans rien qui ressemble à cette contracture tétaniforme des muscles, caractéristique de l'empoisonnement par la nicotine.

Si nous considérons que dans cette expérience la quantité du liquide injecté ne contenait qu'un quart de goutte du principe aromatique, nous pouvons en conclure certainement que ce composé est en réalité aussi toxique que la nicotine et l'acide prussique.

La même expérience est répétée avec deux gouttes seulement de la solution précédente, soit par conséquent avec un vingtième de goutte de produit pur. Mêmes symptômes que précédemment, mais la mort n'arrive qu'au bout d'environ trois heures. Dans plusieurs expériences semblables, il semblait parfois que l'animal échapperait à l'action du poison ; mais cependant il finissait toujours par succomber.

Au lieu d'opérer avec la collidine obtenue par les procédés longs et compliqués que j'ai décrits, on peut se servir simplement d'eau à travers laquelle on fait passer de la fumée du tabac qui a d'abord traversé des flacons laveurs à acide sulfurique destinés à retenir la nicotine, et l'ammoniaque. Pour être plus certain de me débarrasser entièrement de la nicotine, je soumettais d'abord le tabac à des lavages prolongés à l'éther ammoniacal et à l'eau bouillante. Mais j'ai reconnu que c'était là une complication peu utile. Dans cette façon de procéder, une partie des principes aromatiques est retenue par l'acide sulfurique et une partie seulement arrive dans le laveur à eau. Cependant, le contenu de ce dernier est si toxique qu'en recueillant la fumée de 10 grammes de tabac du Levant ou d'un simple cigare Régalia britannica à 0 fr.60 dans 50 centimètres cubes d'eau distillée, après le lavage préalable dans un barbotteur à acide sulfurique, qu'il suffit de laisser séjourner quelques heures une grenouille dans le liquide limpide et parfumé ainsi obtenu pour la voir se paralyser et succomber.

Ces principes aromatiques ont été isolés, comme je l'ai indiqué dans un précédent chapitre.

J'ai dit dans un précédent chapitre que c'était en partie aux principes aromatiques contenus dans la fumée du tabac, que me semblait devoir être attribués les effets toxiques que produisent certains d'entre eux, notamment les palpitations et les vertiges. Je les avais déjà observés sur moi comme je l'ai dit et le D' Noël, qui n'était pas prévenu de ce résultat de mes observations, a constaté sur lui-même à plusieurs reprises exactement les mêmes effets pendant les manipulations nécessaires pour rectifier ces produits. J'ai même profité d'une occasion où il venait d'être exposé à respirer leurs vapeurs, pour mesurer leur action sur le système nerveux par la nouvelle méthode chronoscopique que nous avons récemment fait connaître. Avec le chronoscope à pendule conique (1) des docteurs Noël et Gustave Le Bon, qui marque exactement sur un cadran en centièmes de secondes le temps qui s'écoule entre une excitation tactile, visuelle ou acoustique et une réaction, j'ai examiné, sur mon collaborateur, le temps qui s'écoulait entre les excitations et les réactions. Sous l'influence de l'action exercée sur le système nerveux par les principes aromatiques, la vitesse de transmission des excitations dans les nerfs avait été considérablement retardée en ce qui concerne les réactions acoustiques comme le prouvent les chiffres suivants :

*Temps nécessaire pour réagir contre une excitation auditive à l'état normal (moyenne de 50 observations) : 0,308 millièmes de seconde.*

*Temps nécessaire pour réagir contre les mêmes excitations après avoir été exposé pendant quelque temps à l'influence des vapeurs dégagées par les principes aromatiques du tabac (moyenne de 25 observations) : 0,231 millièmes de seconde.*

Le temps nécessaire pour réagir contre les excitations tactiles n'a pas été modifié par l'influence toxique dont je viens de parler. Avant comme après l'expérience, il était d'environ 13 centièmes de seconde (moyenne de 75 observations).

Nous pouvons conclure de ce qui précède que les principes aromatiques du tabac exercent à dose extrêmement faible, une action éminemment toxique sur les animaux et sur l'homme. Je comparerais volontiers leur action à celle qu'exercent sur le système nerveux, bien que à un degré infiniment moindre, les parfums de certaines plantes, telles que le lilas, le jasmin, etc. On sait que, respirées plusieurs

(1) On trouvera la description de cette méthode et des résultats qu'elle fournit pour constater l'état du système nerveux et suivre la marche de certaines maladies dont le diagnostic à leurs débuts était impossible autrefois, dans un mémoire actuellement sous presse. Le chronoscope dont j'ai parlé et dont le volume ne dépasse pas celui d'une petite pendule, a récemment fonctionné devant la Société de médecine pratique.

heures dans une chambre à coucher trop étroite, elles ont produit souvent des accidents mortels. On les attribuait autrefois à l'influence de l'acide carbonique que les plantes dégagent pendant la nuit; mais la proportion d'acide carbonique qui se produit alors est évidemment trop minime, étant donnée la dose considérable de ce gaz qu'une atmosphère doit contenir avant de commencer à incommoder pour que, dans l'état actuel de nos connaissances, cette opinion puisse être encore soutenue un instant. L'influence qu'exercent à doses impondérables certains agents toxiques introduits par les poumons est un chapitre de la physiologie à peine exploré et que nous nous proposons d'aborder quelque jour.

§ V. Expériences faites sur les animaux et sur l'homme, avec l'oxyde de carbone contenu dans la fumée du tabac.

Ne pouvant isoler ces expériences des procédés qui ont permis de rechercher l'oxyde de carbone contenu dans la fumée du tabac, j'ai dû les décrire dans le chapitre consacré au dosage de l'oxyde de carbone contenu dans la fumée du tabac. Je me bornerai donc à y renvoyer le lecteur. Elles ont montré que bien que l'oxyde de carbone soit à petite dose un composé fort toxique, ce n'est pas à lui que la fumée du tabac doit ses propriétés dangereuses.

§ VI. Expériences et observations relatives a l'influence de la fumée du tabac sur l'homme.

Malgré les expériences qui précèdent, il est bien difficile de dire avec précision quelle est l'action que produit à la longue l'abus de la fumée du tabac chez l'homme. Toutes ces expériences représentent en effet les résultats immédiats d'une dose suffisante pour produire une action toxique, mais elles ne nous renseignent nullement sur les effets que peuvent produire à la longue des doses trop petites pour déterminer des effets immédiats.

Cette question, dont la solution est fort complexe, ne paraît pas avoir embarrassé beaucoup la plupart des auteurs qui l'ont traitée. Sans se donner la peine d'appuyer leurs assertions sur quelques preuves, ils voient dans le tabac l'origine d'un grand nombre d'affections du système nerveux, plus communes aujourd'hui qu'autrefois, et comparant leur accroissement à celui de l'usage du tabac (1), ils assurent que l'augmentation des unes est l'effet certain du progrès de la consommation de l'autre. Mais ce sont là des hypothèses que n'appuie aucune preuve sérieuse ; et ne m'étant proposé dans ce travail que de donner les résultats d'expériences précises, je ne puis leur attacher d'importance.

Nous nous bornerons donc à dégager des observations des auteurs qui ont étudié comme nous sans parti pris l'action du tabac les faits que nos observations nous portent à considérer comme incontestables. Nous croyons pouvoir résumer de la façon suivante les effets que paraît produire d'une façon certaine *l'abus* du tabac.

(1) J'emprunte aux statistiques officielles du ministère des finances, les chiffres de la progression de la consommation du tabac.

| Années | Nombre de kilog. de tabac vendus | Recettes |
|---|---|---|
| 1815 | 9.753.000 | 53.872.000 |
| 1820 | 12.645.000 | 64.171.000 |
| 1830 | 11.169.000 | 67.290.000 |
| 1840 | 16.018.000 | 95.188.000 |
| 1850 | 19.218.000 | 122.113.000 |
| 1860 | 29.580.000 | 195.325.000 |
| 1870 | 31.349.000 | 241.258.000 |
| 1875 | 30.371.000 | 313.516.000 |

La statistique officielle publiée ne va pas plus loin que l'année 1875. Les chiffres qui précèlent montrent que, dans une période de 60 ans, la consommation a plus que triplé et que les recettes sont devenues six fois plus élevées.

*Troubles visuels.* — Je mets ces troubles visuels au premier rang des effets constants de l'abus du tabac, parce qu'ils ont été notés par tous les ophthalmologistes et peuvent être constatés à l'ophthalmoscope. Ils se traduisent d'abord par l'apparition de mouches volantes, puis par un scotome central qui trouble la vision et peut conduire le sujet à la cécité. Avec la suppression du tabac, les troubles disparaissent. Comme les grands fumeurs sont généralement de grands buveurs, ils est difficile de faire la part dans les accidents observés des phénomènes dus à l'alcool de ceux produits par le tabac.

*Troubles du système nerveux et de la circulation.* — L'action fâcheuse que le tabac exerce sur les systèmes nerveux et circulatoire a été notée par plusieurs auteurs qui ont constaté sous son influence des intermittences du pouls, des palpitations et des vertiges. A l'appui de ces observations je puis donner les résultats de mon expérience. Lorsque j'ai repris mes expériences sur la recherche des principes toxiques de la fumée du tabac, j'opérais dans un petit laboratoire où j'ai brûlé chaque jour, pendant plusieurs semaines, des quantités de tabac assez considérables. L'atmosphère était à ce point imprégnée des divers produits de la fumée du tabac, que cette odeur s'attachait de la façon la plus persistante à ma barbe et à mes habits. Fumeur habituel mais modéré, je m'étais accoutumé à cette atmosphère qui ne m'incommodait pas. Au bout de quelques jours, je constatai cependant des troubles de la circulation et du système nerveux, caractérisés par des intermittences du pouls, et des vertiges apparaissaient le matin quand je me levais. Ils se continuèrent pendant tout le temps des expériences et persistèrent même plusieurs jours après leur cessation. Ils étaient bien dus à l'influence du tabac, car ayant eu occasion de reprendre ces expériences, ils reparurent aussitôt. Je les ai également observés sur le Dr Noël, ainsi que je l'ai dit plus haut. Cependant, notre confrère n'avait eu occasion de respirer les produits de la fumée du tabac que beaucoup plus rarement que moi. Ces phénomènes me paraissent devoir être principalement attribués, comme je l'ai fait remarquer, à l'acide prussique et aux principes aromatiques contenus dans le tabac.

Quant aux phénomènes de paralysie qu'on a signalés à la suite de l'abus du tabac, je n'ai pas eu occasion de les constater, mais ils me paraissent parfaitement admisssibles, étant connue l'action exercée sur la moelle épinière par les produits toxiques de la fumée du tabac. Nous avons vu en effet qu'ils déterminent rapidement des phénomènes de paralysie chez les animaux soumis à leur action.

*Troubles des organes digestifs et des voies respiratoires.* — Des troubles divers des voies digestives ont été signalés par plusieurs auteurs, mais je n'ai pas eu occasion de les constater. La grande quantité d'ammoniaque que la fumée contient pourrait peut-être les expliquer. Quant aux troubles des voies respiratoires caractérisés surtout par une irritation spéciale de la gorge, j'ai eu occasion de les observer sur plusieurs fumeurs, et même sur des fumeurs exercés. Je les crois exclusivement dus à l'action de l'ammoniaque, car ils se reproduisent chez des fumeurs excercés qui viennent à fumer des tabacs dont des accidents de fabrication ou l'altération ont augmenté la richesse en ammoniaque.

*Diminution de la mémoire.* — Le fait de la diminution de la mémoire sous l'influence de l'usage prolongé du tabac est un de ceux qui me semblent les plus certains depuis que mon attention a été attirée sur ce point, c'est-à-dire depuis une dizaine d'années. J'ai eu si fréquemment occasion de l'observer qu'il ne m'est pas possible de le mettre en doute.

Si le fait de la diminution de la mémoire des mots sous l'influence du tabac est, comme je le crois, incontestable, il doit pouvoir se vérifier chez les personnes qui vivent dans une atmosphère imprégnée des principes actifs du tabac. En interrogeant un grand nombre des ouvriers de la manufacture de Strasbourg, à l'époque où cette ville était sous la domination française, nous avons appris de leur bouche que ceux qui travaillent dans les salles de fermentation, dont l'atmosphère contient une forte proportion de nicotine et de vapeurs ammoniacales, perdaient *momentanément,* d'une façon presque complète, *pendant les fortes chaleurs,* le souvenir du nom des rues, et ne pouvaient retrouver les noms de leurs connaissances.

*Troubles de diverses fonctions.* — Je mentionnerai encore parmi les effets constatés par plusieurs auteurs et qui paraissent certains, mais que je n'ai pas observés, la dépression des fonctions génitales. Elle est attribuée surtout, je crois, ainsi que je l'ai déjà dit, à l'influence de l'acide prussique. Je signalerai également un état cachectique particulier qu'on observe chez les ouvriers des manufactures, mais je ferai remarquer que dans ce dernier cas, c'est le tabac et non la fumée du tabac qui agit; or, ce n'est évidemment qu'à l'action de cette dernière que les fumeurs sont exposés. Je n'ai donc pas à m'occuper ici de l'action de la première.

Le résumé qui précède semblera un peu court peut-être aux ennemis du tabac. Il est certain cependant qu'il renferme tout ce que nous savons de précis relativement à l'action de la fumée du tabac sur l'homme. Je le terminerai par une remarque que je crois essentielle parce qu'elle peut expliquer la différence d'action que produit la fumée du tabac chez les sujets soumis à son action. Chacun de nous a des organes plus ou moins résistants, partant plus ou moins faibles. Etant donnée une substance toxique susceptible d'agir sur plusieurs d'entre eux, elle agira d'abord sur les moins résistants, ou pour mieux dire elle agira également sur tous, mais ce seront seulement les moins résistants qui souffriront d'abord. Chez les individus dont la vue est délicate, c'est sur l'appareil visuel que se portera d'abord son action ; chez d'autres ce sera sur l'appareil circulatoire ou le système nerveux, etc.

Quant aux sens de cette expression : *Abus du tabac,* que j'ai employé plus haut, elle n'a évidemment qu'une valeur absolument relative. Répondre par des chiffres à cette question : En quoi consiste l'abus du tabac ? est impossible par cette simple raison que la résistance des divers individus est très-inégale. Deux ou trois cigarettes seront un abus pour certains fumeurs, et une quantité, quatre ou cinq fois plus grande représentera une consommation insignifiante pour d'autres. Ce qui me paraît cependant certain, c'est que les fumeurs, même les plus exercés, finissent à la longue, quand ils dépassent un certain chiffre de consommation quotidienne de tabac, par éprouver des troubles organiques divers dont ils cherchent souvent vainement la cause. L'organisme s'habitue facilement sans doute à supporter bien des choses, mais que celles auxquelles il semble s'habituer le plus, tel que l'alcool, par exemple, finissent à la longue par produire d irrémédiables désordres. Quoi qu'on puisse dire pour défendre le tabac, il ne faut pas oublier que sa fumée contient des agents toxiques redoutables, et notamment les plus violents de tous les poisons connus, l'acide prussique, la nicotine, et le nouvel alcaloïde dont nous avons démontré l'existence.

# CONCLUSIONS

1. — Les principes de la fumée du tabac qui se condensent par le refroidissement dans la bouche et les poumons des
fumeurs, ou dans les appareils destinés à les recueillir, contiennent notamment de la nicotine, du carbonate d'ammoniaque, diverses matières goudronneuses, des substances
colorantes, de l'acide prussique combiné avec des bases, et
enfin des principes aromatiques très-odorants et très-toxiques.
Dans la fumée, ces diverses substances se trouvent mélangées
à une grande proportion de vapeur d'eau et de composés
gazeux divers, l'oxyde de carbone et l'acide carbonique
notamment.

2. — Le liquide résultant de la condensation des substances
précédentes est doué de propriétés extrêment toxiques. Il
suffit d'en injecter de très-faibles quantités dans le système
circulatoire d'un animal ou de le lui faire respirer pendant
quelque temps pour le voir succomber après avoir présenté
divers symptômes de paralysie.

3. — Les propriétés de la fumée du tabac qu'on avait
attribuées jusqu'ici uniquement à la nicotine, sont dues également à de l'acide prussique et à divers principes aromatiques, notamment un alcaloïde particulier, la collidine. C'est
un corps liquide à odeur agréable et très-pénétrante dont on
avait signalé la présence dans les produits de la distillation
de diverses matières organiques, mais dont les propriétés
physiologiques étaient tout à fait inconnues. Il contribue en
grande partie à donner à la fumée son odeur. Son parfum
est tellement pénétrant, qu'une seule goutte suffit à donner
une odeur très-forte à une grande quantité d'eau.

4. — La collidine est un alcaloïde aussi toxique que la nicotine. La vingtième partie d'une goutte tue rapidement une grenouille en produisant d'abord des symptômes de paralysie. On ne peut en respirer quelques instants sans éprouver de la faiblesse musculaire et des vertiges.

5. — C'est à la présence de l'acide prussique et des divers principes aromatiques que sont dus plusieurs phénomènes, tels que les vertiges, les maux de tête et les nausées que produisent certains tabacs, pauvres en nicotine ou qui en sont privés, alors que d'autres, riches en nicotine, ne produisent aucun accident analogue.

6. — La proportion d'acide prussique et de principes aromatiques contenus dans la fumée du tabac varie suivant les tabacs employés. Ceux qui en contiennent les plus fortes doses sont les tabacs de la Havane et du Levant. Par les procédés décrits dans notre mémoire, on retire facilement à l'état de pureté l'acide prussique et la collidine de la fumée du tabac, et on peut les y doser.

7. — La matière noire demi-liquide qui se condense dans l'intérieur des pipes et des porte-cigares contient toutes les substances précédemment énumérées, et notamment de fortes quantités de nicotine. Elle est extrèmement toxique à petite dose. 2 ou 3 gouttes suffisent pour tuer un petit animal.

8. — La combustion du tabac ne détruit qu'une faible partie de la nicotine qu'il renferme, et celle-ci se retrouve en grande partie dans la fumée. La proportion susceptible d'être absorbée par les fumeurs, et que nous avons déterminée dans nos expériences, varie suivant les conditions où ces derniers sont placés. Elle ne descend guère au-dessous de 50 centigrammes par 100 grammes de tabac brûlé. La quantité d'ammoniaque absorbée dans le même temps est à peu près égale.

9. — Des divers modes de fumer, celui où le chiffre de

nicotine et des divers principes toxiques absorbés a été le plus grand consiste à fumer en respirant sa fumée. Celui où il a été moindre, consiste à fumer le narghilé ou la pipe à long tuyau en plein air sans respirer sa fumée.

10. — La nicotine tue instantanément les animaux à la dose de deux ou trois gouttes, mais à des doses infiniment plus petites encore, elle produit bientôt des phénomènes de paralysie et la mort. Une grenouille introduite dans un bocal contenant une solution aqueuse de nicotine au 1/20000, soit environ une goutte de nicotine dans un litre d'eau, y succombe en quelques heures. Il en est de même si on la place sous un entonnoir contenant une seule goutte de nico - tine dans une boulette de coton. La vapeur qui se dégage de la nicotine en ébullition foudroie instantanément les animaux sans leur laisser le temps de faire un mouvement.

11. — La fumée du tabac contient environ 8 litres d'oxyde de carbone par 100 grammes de tabac brûlé. Les expériences consignées dans notre travail prouvent que ce n'est pas à ce gaz qu'elle doit ses propriétés toxiques, comme cela a été récemment soutenu en Allemagne.

12. — Parmi les effets les plus certains que la fumée du tabac détermine à la longue sur l'homme, on peut mention- ner des troubles visuels, des palpitations, de la tendance aux vertiges, et surtout de la diminution de la mémoire.

# TABLE DES MATIÈRES

SAINT-QUENTIN. — IMPRIMERIE JULES MOUREAU

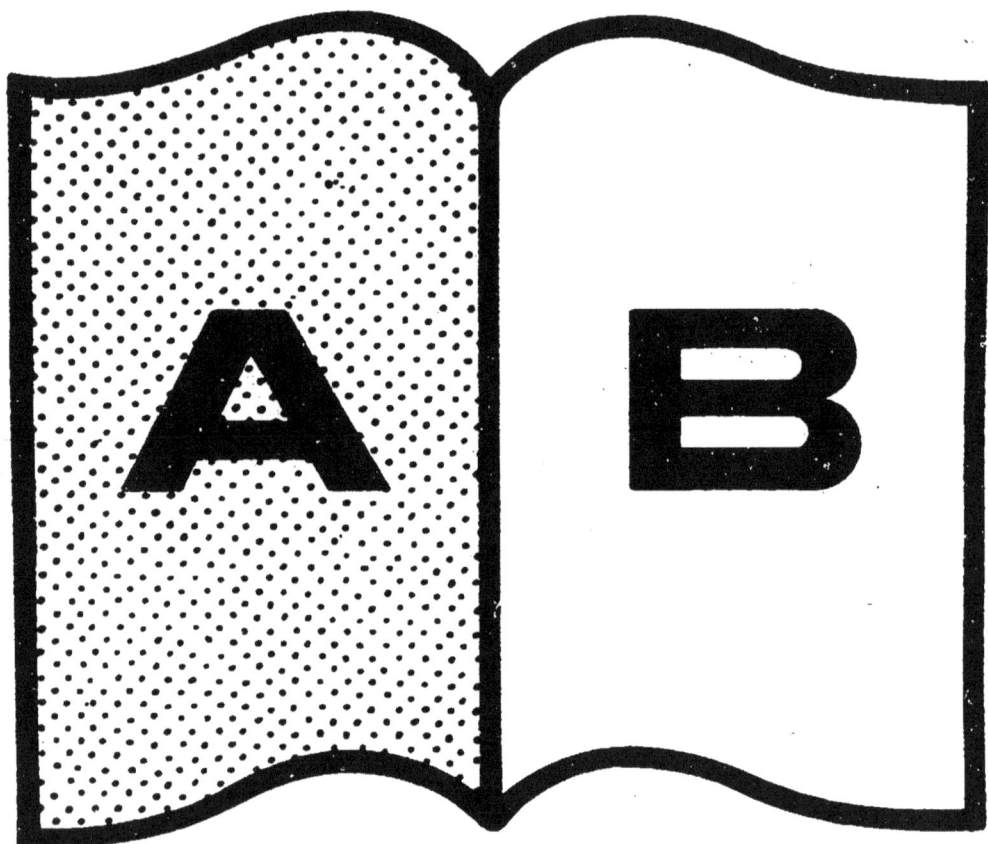

Contraste insuffisant

**NF Z 43**-120-14

www.ingramcontent.com/pod-product-compliance
Lightning Source LLC
Chambersburg PA
CBHW071259200326
41521CB00009B/1828